내 아이
어디서 키울까

내 아이
어디서
키울까

SBS 스페셜 제작팀 · 강범석 · 김설화 지음

GREEN
HOUSE

SBS 스페셜

내 아이 어디서 키울까

초판인쇄 2021년 10월 12일
초판발행 2021년 10월 15일

기획 SBS 시사교양본부
지은이 SBS 스페셜 제작팀 · 강범석 · 김설화
펴낸이 이혜숙
펴낸곳 (주)그린하우스

출판책임 권대홍
출판진행 이은정
원고구성 홍난숙
본문편집 그린하우스 디자인팀

등록 2019년 1월 1일 (110111-6989086)
주소 서울시 강남구 강남대로62길 3 한진빌딩 8층
전화 02-6969-8955
팩스 02-556-8477

Copyright ⓒ SBS
값 18,000원
ISBN 979-11-90419-31-4 13590

내 아이의 창의력도 올려주고
공부습관도 잡아줄 수 있는 공간을 찾아서

#1. --

"뛰면 안 돼~ 까치발~."

"뛰. 지. 말. 라. 고."

"엄마 얘기 안 들려? 뛰지 말라고!"

아이를 둔 집이라면 누구나 한번쯤 겪어봤을 풍경일 것이다.

아이들은 참으로 희한하다. 걸어 다니면 어디 잡혀간다는 법이라도 있는지, 물 마시러 가는 짧은 순간에도, 화장실 가는 그 찰나의 순간에도 무조건 뛴다. 뒤에서 누가 몽둥이라도 들고 쫓아오지 않는 이상 뛰지 않는 어른들의 눈엔 그저 신기한 존재들이다.

'뛰지 말라는 소리만 안 해도 잔소리가 반으로 줄 텐데……'

문제는 지금 대한민국에서 아이를 키우는 가정 열 집 중 6~7집이 아파트에 산다는 것이다. 한마디로 다수의 사람들이 공동주택에 산다는 뜻이고, 그건 위, 아래, 옆으로 남들과 함께 살아간다는 이야기다. 뜀박질 본성을 타고난 아이들과 그 본성을 어떻게든 눌러야 하는 부모들 사이에선 오늘도 크고 작은 실랑이가 벌어지고 있다.

그러다 문득 마음속 깊이 작은 꿈을 꾸곤 한다. 나도 마당이 있는 집에서 살고 싶다고.

창문을 열면 아름드리나무가 있고, 파란 잔디가 그림처럼 펼쳐져 있는 빨강머리 앤의 초록지붕 집 같은 곳에서 '마음껏 뛰어라'라고 말하며 아이를 키울 수 있다면 얼마나 행복할까. 만약 그렇게 키울 수 있다면 왠지 정서적으로도 풍요롭고, 창의력도 남다른 아이로 자랄 것 같은 '느낌적인 느낌'마저 든다. 하지만 대부분은 머릿속으로만 꿈꿀 뿐 실천에 옮기진 못한다. 직장 문제, 학교 문제, 경제적인 문제 등이 발목을 잡기 때문이다.

그런데 여기 자신의 꿈을 과감하게 실현한 이들이 있다.

- 101가지 집안 놀이를 만들 수 있는 집
- 사계절의 변화를 온몸으로 느낄 수 있는 집
- 내가 원하면 수영장과 캠핑장으로 변신이 가능한 집

과연, 우리보다 조금 더 용기를 낸 그들은 자신들의 선택에 만족하고 있을까? 아이들은 정말 부모의 바람대로 자유롭게 뛰놀며 성냥갑 같은 도심 아파트에서와는 다른 뭔가를 찾아가고 있을까?

#2.

'우리 아이 성향은 딱 친구 따라 강남 갈 스타일인데……. 지금이라도 학군지로 가야 할까?'

vs

'괜히 가서 기만 죽는 거 아냐? 그냥 용의 꼬리보다 뱀의 머리로 교육시키는 게 낫지 않을까?'

아이들에게 뛰지 말라는 잔소리가 줄어들 때쯤이면 새로운 고민이 시작된다. 이번엔 거실에서 화장실까지 맘껏 뛰어다녀도 되는 집 말고 현관문에서 학원까지 뛰어갈 수 있는 집이 필요하다. 푸른 자연 대신 좋은 학교와 학원이 지천에 널린 집, 이 동네에선 꼴찌도 공부를 한다는 집으로 이사를 가야 하나 말아야 하나 말이다.

생각해보면 그 옛날 고릿적 맹자 엄마도 자식을 위해 세 번이나 이사를 다녔다는데……. 교육열 하나는 세계 어디를 내놔도 뒤지지 않는 자랑스러운 대한민국의 부모로서 이렇게 가만히 있어도 되는 걸까 불안해지기 시작한다. 지금 나의 안일함이 혹시나 내 아

프롤로그

9

이의 미래를 발목 잡지 않을까 고민도 되기 시작한다.

그래서 마당 있는 집을 찾아 떠난 용기 있는 부모들처럼 이번엔 소위 말하는 학군지로 이사를 떠나온 이들도 있다. 때론 살던 집도 줄이고, 대출도 받고, 직장과 멀어지는 수고로움을 감수하면서도 말이다. 과연 전국의 수많은 맹모들은 자신들의 선택에 만족하고 있을까? 아이들은 부모의 바람대로 좋은 환경에서 자연스럽게 공부습관을 잡아가고 있을까?

"아이를 어디서 키우면 좋을까?"

아이가 둘인 피디, 아이가 하나인 피디, 아이가 둘인 작가가 만나 이런저런 얘기를 나누다 자연스럽게 나온 주제가 내 아이의 집, 환경, 공간에 대한 다큐멘터리로 완성되었다. 그동안의 많은 방송이 주로 아이를 '어떻게' 키울까에 초점을 맞췄다면 이 다큐멘터리는 '어디서' 키울까를 다루고 있다.

우리가 하루 중 가장 많은 시간을 보내는 공간, 집. 특히나 아직 한창 뇌가 발달하는 시기의 아이들에게 집이라는 공간이 얼마나 영향을 끼칠 수 있는지, 그 보이지 않는 힘을 찾아 많은 전문가들과 부모들을 만나 이야기를 들어보고, 일상을 들여다보았다. 그리고 생각보다 그 결과는 놀라웠다.

도시냐 vs 시골이냐
아파트냐 vs 주택이냐
학군지냐 vs 비학군지냐

과연, 정답이 있을까?

하나를 선택하면 또 하나가 아쉽고, 미련이 남게 될 것이다. 어쩌면 선택을 보류한 채 아이를 키우는 내내 하게 될 고민일지도 모른다. 또 어쩌면 여러 가지 현실적인 이유로 지금 내 아이가 사는 집이나 동네를 영원히 바꾸기 힘들지도 모른다.

그럼에도 이 책을 덮는 순간 '아, 그래도 이런 방법이 있었네' 하고 무릎을 탁 칠 수 있는 작은 아이디어라도 얻길 바라며 지금 내 아이의 집을 찾아 신나는 여행을 떠나보자.

– SBS 스페셜 제작팀

도시의 아파트 vs. 시골의 마당 있는 집.

우리 아이는 어떤 공간에서 행복을 누리며 살 수 있을지,

부모들은 딜레마에 빠졌다.

하지만 정답은 없다.

선택을 앞두고 필요한 건 공간에 대한 새로운 기준이다.

공간 안에서 얼마나 개인을 표현할 수 있는

자유가 주어지는지를 살펴보는 것이

평수와 집값보다 훨씬 더 중요하다는 것이다.

01

하우스 딜레마, 떠날까? 남을까?

한국인의 절반은 아파트에 산다

2018년 통계청에서 충격적인 내용을 발표했다. 인구주택총조사에서 아파트에 거주하는 가구 수가 1천만 가구를 돌파하며 사상 처음으로 50%를 넘겼다는 것이다. 한국 가구의 절반이 아파트에서 산다는 셈이다. 특히 결혼과 육아가 이뤄지는 30대부터는 아파트에 거주하는 비율이 절대적이었다.

이렇게 아파트에서 태어나고 자란 아이들이, 부모가 되어 다시 아파트에서 자신의 아이들과 살아간다. 특히 1980년대 이후 서울에서 태어난 많은 젊은 세대는 아파트를 고향으로 기억한다. 수직으로 쭉쭉 뻗어 올라간 콘크리트 건물과 고향이라는 애틋한 단어를 동시에 떠올리는 아파트 세대는 이렇게 등장했다. 그들에게 아파트를 떠나서 산다는 건 나름의 결단과 용기가 필요하다. 많게는 수천 가구가 함께 살면서 형성되는 커뮤니티와 주거의 편의성은 이들이 아파트에서 쉽게 벗어나지 못하는 이유다.

건축가로 활동하는 유현준 교수는 아파트를 떠나지 못하는 가장 큰 이유가 재테크 때문이라고 지적한다.

> 대한민국 아파트의 가장 큰 문제점은 환금성이 너무 좋아서, 투자금이 여기로 다 모인다는 거죠. 빌라를 사면 투자에 실패한다고 생각합니다. 상황이 이렇다면 사실 아파트를 쉽게 떠나기 힘들죠.

그래서 누구나 마당 있는 집을 꿈 꾸면서도 현실은 아파트에 갇혀 사는 경우가 많다. 아파트만큼 매력적인 투자처를 어디서 또 찾겠는가?

하지만 아이들의 시선에서 아파트는 어떤 공간일까? 어디를 가나 천편일률적인 형태로 단지를 이루고 있는 아파트 숲, 우리나라 사람의 절반 이상이 똑같은 형태의 집에서 산다고 해도 과언이 아니다. 지역을 불문하고 어떤 아파트를 가든 집 안 구조도 비슷하다. 매일 가는 놀이터가 지루해져서 친구네 동네에 놀러 가봐도 상황은 비슷하다. 그네와 시소 등 매일 보는 놀이터와 놀이시설도 구조가 별반 다르지 않기 때문이다.

그래서 아파트는 모험을 허락하지 않는 공간이다. 대문을 열고

전 국민의 60% 이상이 아파트에 거주하고, 주거형태로 아파트를 선호하는 비율도 해마다 증가하고 있다.

골목으로, 골목을 지나 다른 마을로 옛날 아이들은 자신의 세계를 확장하면서 모험심과 상상력을 키웠다. 하지만 단조롭고 획일적인 아파트의 풍경은 어린이들의 상상력을 자극하기 어렵다. 아이들 스스로 발을 딛고 길을 찾고 움직이는 체험이 아파트에선 불가능하다. 도로와 콘크리트 건물 그 사이사이 놀이터가 반복되는 공간에서 아이들이 즐거움을 찾기란 쉽지 않은 일이다.

과감하게 아파트에서 벗어난다 해도 모든 문제가 해결되는 건 아니다. 넓은 마당과 하늘, 그리고 자연을 찾아 전원주택으로 이사한 가족들에게는 또 다른 문제가 딸려온다. 이웃에 또래 친구가 없어 도시의 아파트를 그리워하는 아이 때문에 고민에 빠지는 경우도 많고, 시골 생활에 적응하지 못해 부모의 애를 태우기도 한다. 부모는 인생을 바꿀 만큼 노력하는데 오히려 아이에겐 즐겁지 못한 선택이 돼버린 셈이다.

도시의 아파트 vs. 시골의 마당 있는 집. 우리 아이는 어떤 공간에서 행복을 누리며 살 수 있을지, 부모들은 딜레마에 빠졌다. 하지만 정답은 없다. 선택을 앞두고 필요한 건 공간에 대한 새로운 기준이다. 공간 안에서 얼마나 개인을 표현할 수 있는 자유가 주어지는지를 살펴보는 것이 평수와 집값보다 훨씬 더 중요하다는 것이다.

대한민국은 어떻게
아파트 공화국이 되었는가?

우리나라에서 아파트는 건축법상 5층 이상의 공동주택을 이르는 말이다. 최초의 아파트는 1932년 일제강점기 시절에 지은 서울 충정로의 5층짜리 아파트다. 지금도 거주하는 사람이 있는 이곳을 서울시에서는 미래유산으로 지정했다.
1959년 건설한 서울 종암아파트가 우리 손으로 지은 첫 번째 아파트다. 그리고 1962년 서울 마포에 6층짜리 아파트 10개 동이 들어서면서 대규모 아파트 단지의 시대를 알렸다. 처음 아파트가 등장했을 때는 다소 거부감도 있었다. 단층의 주거형태에 익숙한 한국인에게 사람 위에 사람이 사는 아파트는 낯설고 받아들이기 힘든 주거시설이었다.

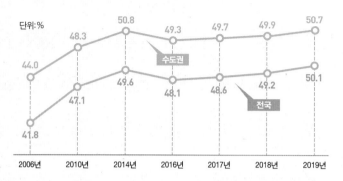

주택 유형 중 아파트 비율 변화

단위:%

	2006년	2010년	2014년	2016년	2017년	2018년	2019년
수도권	44.0	48.3	50.8	49.3	49.7	49.9	50.7
전국	41.8	47.1	49.6	48.1	48.6	49.2	50.1

〈자료:국토교통부〉

하지만 10년도 채 지나지 않은 1960년대 말, 본격적인 아파트 붐이 일어나기 시작했다. 제2차 경제개발 5개년 계획이 수립되고, 도시화로 주택 부족 문제가 심각해졌기 때문이다. 세 들어 사는 설움이 사회 문제로 떠오를 정도였다. 이렇게 내 집 장만의 열망이 거세지는 사회 분위기 속에서 아파트 건설이 촉진됐고 서울을 중심으로 전국에 퍼져 나가게 된 것이다.

아파트의 원조인 유럽의 경우는 어떨까? 주택건설이라는 취지에서 시작한 우리나라와 달리 산업혁명 이후 도시에 인구가 집중되는 현상을 해결하기 위해 임시방편으로 공급한 주거시설이었다. 따라서 우리나라처럼 대단지 아파트를 건설하는 것도 드물었고, 주도적인 주거정책이라 할 수도 없었다. 반면 한국은 부족한 주거시설을 해결하려는 목적으로, 장기 거주 주택의 모델이 전무한 상태에서 아파트를 전국적으로 건설했고 아파트 공화국이라 불릴 만큼 기본적인 주거형태로 자리 잡게 된 것이다.

아파트를 떠날 때 필요한 것

2019년 8월, 군산에 사는 서희네 가족에겐 잊지 못할 뜨거운 여름이었다. 오랜 고민 끝에 아파트를 떠나서 군산의 외곽 시골 마을에 전원주택을 짓기 시작한 것이다. 공사를 시작한 지 겨우 한 달 반, 이제 막 뼈대만 올라가기 시작했는데도 가족들은 수시로 집을 짓는 현장을 찾았다.

아직 집이 모양새를 갖추기도 전인데, 엄마인 미영 씨는 벌써 마당 한편에 조그만 텃밭을 마련했다. 파랗게 싹을 내민 파를 보면서 전원주택에서 살게 될 날을 손꼽아 기다리는 중이라고. 아이들은 옷이 더러워지는 줄도 모르고 흙장난이 한창이다. 6세, 4세, 2세 세 딸이 신나게 뛰노는 모습을 지켜보면 집 짓기를 정말 잘했다는

전원주택 공사장 마당 한편에 자란 풀을 보고 신기해하며 놀고 있는 아이를 보면 미영 씨의 마음이 흐뭇하다.

생각이 든다는 미영 씨.

현재 사는 곳은 군산에서도 가장 번화한 지역에 있는 아파트로, 3년 전 부부가 결혼해서 처음 장만한 집이었다. 고창에서 결혼한 부부는 군산으로 이사하면서 지금의 아파트 단지에 전세로 입주했고 첫째 서희를 낳았다. 살다 보니 편의시설도 많고 초등학교도 가까워서 같은 단지의 다른 집으로 이사를 했다. 처음 장만한 집이자 세 딸을 낳고 키운 추억이 가득 담긴 각별한 집이지만 언젠가부터 사소한 문제들이 발생하기 시작했다.

당황한 사람은 엄마인 미영 씨였다. 남편과 둘이 살 때는 한 번도 느껴보지 못했던 불편을 아이들과 살다 보니 느끼게 됐다는 것.

하나에서 둘, 둘에서 셋으로 아이가 늘어날 때마다 고민은 더욱 커졌다. 가장 큰 문제는 층간 소음이었다. 딸들이 쿵쾅거릴 기미만 보여도 뛰지 말라고 조심시켰지만 한창 뛰어놀고 싶은 아이들에게 통할 리 만무했다. 끝내 엄마는 언성이 높아지고 매일 전쟁 아닌 전쟁을 치러야 했다.

육아 휴직 중인 엄마가 종일 세 아이와 부대끼는 것도 힘에 부치는 일이었다. 두 살 터울의 세 아이 모두 한참 엄마 손이 많이 갈 나이다 보니, 아이들을 데리고 집 밖으로 나가는 건 엄두도 내기 힘들었단다. 엄마의 한숨은 깊어졌다.

남편 없이 아이 셋을 데리고 외출하는 게 너무 힘들어요. 첫째는 시소를 타자고 하고, 둘째는 그네를 밀어달라고 하고, 셋째는 저랑 같이 미끄럼을 타고 싶대요. 이러다 보니까 아파트 놀이터에 가는 것도 저는 너무 힘들어요. 애들 셋 손을 잡고 문밖을 나서는 게 엄청 큰일이 되더라고요. 저처럼 육아하는 엄마에게 아파트는 창살 없는 감옥이죠.

아이들과 함께 시간을 보내고 싶은 마음에 육아 휴직을 선택했지만, 엄마는 그다지 행복하지 않았다. 종일 아이들의 뒤치다꺼리를 하면서 보내느라 혼자 쉬거나 여유 있게 생각할 수 있는 시간을 갖지 못했다. EBS 방송이나 만화영화를 보여줄 때나 겨우 잠시 쉴 틈이 생겼지만, 아이들을 제대로 돌보지 못한다는 죄책감에 마음이

세 아이의 엄마 미영 씨는 아이들이 맘껏 뛰어놀 수 있는 작은 마당이 있는 전원주택을 꿈꿨다고 한다.

편치 못했다. 오후 6시가 되면 남편이 퇴근해서 집에 돌아오는 그 40여 분의 시간이 그렇게 길 수 없었다고 고백했다. 아이를 안고 발코니를 서성이며 남편을 기다리노라면 왈칵 눈물이 솟을 때도 있었다고.

육아에 지친 엄마는 어릴 적 뛰어놀던 마당을 떠올렸다. 신발을 신고 나가기만 하면 누구도 신경 쓰지 않고 뛰어놀 수 있는 우리 집만의 공간. 손바닥만 해도 좋으니 외부인의 시선은 신경 쓰지 않아도 되는 마당만 있다면 숨통이 좀 트일 것 같았다. 그렇게 엄마는 작은 마당을 소망했다.

좀 누추하더라도 내 마당이니까 앞에 나가서 조금 둘러볼 수 있고, 아이들도 그냥 손잡고 신발만 신으면 뛰어놀 수 있잖아요. 손바닥만 한 마당이라도 있다면 좋겠다는 생각을 많이 했어요.

무엇보다 어릴 때 마루에 걸터앉아 바라보던 저녁노을은 엄마 미영 씨의 가슴에 평생 아름다운 추억으로 남아 있었다. 아이들이 나중에 커서 어린 시절을 추억할 때 삭막한 도심의 아파트를 떠올릴 설 생각하니 미안하고 답답한 마음이 커졌다. 어차피 부부는 아이들을 다 키워놓고, 전원으로 이사해서 한가롭게 생활하겠다는 계획이 있던 터. 결론이 정해져 있다면 답은 하나였다. 평생 살아도 후회하지 않을 곳에 가서 살자는 것이 부부가 찾아낸 답이었다.

전원주택 초보 집 짓기에 도전하다

　아이를 키우는 부모라면 한번쯤 전원생활을 꿈꾸게 된다. 하지만 대부분 편리한 아파트 생활을 포기하기 힘든 데다 낯선 시골 생활이 겁이 나 선뜻 이사를 결심하지 못한다. 서희네 집도 처음엔 그랬다. 아파트를 팔고 전원주택으로 이사를 한다니 주변 사람들이 모두 반대하는 사태가 벌어졌다. 그때는 아빠 상민 씨도 겁이 더럭 나더란다.

　땅이 다 값어치가 다르더라고요. 예를 들어 한 평당 10만 원짜리가 있고, 100만 원짜리가 있습니다. 그런데 값어치를 두고 고민을 했죠. 사실 온전하게 우리 돈으로 집을 짓는 게 아니라 대출을 받아야 하는데, 비싼 곳으로 갈지 싼 데로 갈지 고민이 많이 되더라고요. 그래서 생각을 해봤어요. 우리가 여기서 몇 년을 살까? 답은 하나였어요. 이왕 살 거 좋은 데서 살아야 평생 살 수 있겠더라고요.

누군가는 아파트 1층으로 이사하는 건 어떠냐고 권유하기도 했다. 하지만 아파트 안에서 거실 창을 보면서 뛰는 것과 개방적인 공간에서 자연을 바라보며 뛰는 것은 큰 차이가 있다는 게 부부의 생각이었다. 놀이터나 키즈 카페도 결국 인위적인 공간이기 때문에 갇힌 공간일 수밖에 없었다. 뛰어논다는 건, 열린 공간에서 자유롭게 지내는 것이라고 믿었다. 그래서 아이들이 자기 생각을 좀 더 넓게 펼칠 수 있는 환경에서 마음껏 놀게 해주고 싶었다는 것이다.

평생 살아도 후회 없는 곳에 집을 짓고 싶었다는 아빠 상민 씨. 결심한 뒤 열심히 땅을 보러 다녔고, 건축에 관련된 책을 보면서 공부도 시작했다. 건축 초보인 부부가 책을 통해 얻은 가장 큰 조언은 라이프스타일을 파악하는 것이 가장 중요하다는 사실이었다. 그때부터 두 사람은 차근차근 가족들의 삶을 뒤돌아보고, 관찰하기 시작했다. 가족들의 동선을 파악하고 필요한 공간과 필요하지 않은 공간을 구분하는 작업이 이루어졌다. 가족들은 주로 안방과 거실에서 생활했고 아이들은 발코니에서도 즐겨 놀았다. 그렇게 관찰한 내용은 건축설계에 그대로 반영되었다.

서희네 가족만의 라이프스타일을 반영하여 설계한 전원주택 조감도

　　방 세 개와 화장실 두 개, 그리고 주방과 거실로 이루어진 설계 도면은 서희네 가족의 삶이 생생하게 담겨 있다. 가족은 다섯이지만 아이들 각자에게 방을 따로 만들어줄 생각은 하지 않았다. 엄마와 아빠 모두 어린 시절 자기 방을 따로 가져본 적 없지만, 불행하다고 느낀 적은 없었기 때문이다. 대신 아이들을 위해 다락을 놀이공간으로 만들었다. 집 전체가 33평인데, 다락의 넓이만 15평 정도. 아파트에서는 꿈도 꿀 수 없는 공간이 아이들을 위해 탄생한 셈이다.

　　집의 외부 벽에는 처마와 툇마루도 들였다. 거기에 커다란 창을 내 아이들이 툇마루에서 노는 모습을 집 안의 어른들이 볼 수 있도록 했다. 아내의 어린 시절 추억을 아이들에게 선물해주고 싶어 만든 공간이자 가족들의 꿈이 담긴 공간이기도 하다.

방을 따로 만들진 않았지만 수납공간은 넉넉하게 마련했다. 여자아이가 셋이라서 별도의 드레스룸을 만들었고, 주방은 오롯이 아내를 위해 꾸몄다. 그동안 간절히 바랐지만 설계를 바꾸기 힘든 아파트에선 그저 꿈일 뿐이었던 아일랜드 주방이 들어설 예정이다.

공사를 시작하면서는 아예 매일 출퇴근을 했다. 큰딸 서희의 유치원도 이사할 전원주택 단지 인근의 병설 유치원으로 옮겼다. 사실 아이들 교육도 이사를 결정할 때 중요한 고민 중 하나였다. 부부가 아이들을 꼭 보내고 싶어 한 자율형 고등학교가 군산에 딱 하나밖에 없는데, 이사를 가면 그 고등학교의 학군에서 벗어나게 되기 때문. 하지만 어린 시절 건강하게 뛰어놀던 기억이 그 어떤 교육보다 더 필요하다는 것이 부부 모두의 확신이었다.

> 아이들 생각하면 당연한 환경을 선택한 것 같아요. 빽빽한 빌딩 숲보다는 자연에서 아이들이 마음껏 뛰어노는 것 자체가 가장 좋은 환경이 아닐까요? 사실 아이들 때문이라고 이렇게 말을 하면서도 제가 제일 좋아요.

이사를 앞둔 소감을 말하며 엄마 미영 씨는 환하게 웃었다. 고민도 많았지만 결국 아파트를 떠날 수 있었던 건 집에 대한 가치와 생각이 달라졌기 때문이다. 집을 투자 대상도, 아이들 교육을 위한 학군도 아닌 온전히 가족들을 위한 공간으로 생각했기 때문에 가능한 결정이었다. 새집에서 행복을 찾길 꿈꾸며, 서희네 가족들은 이삿날만 손꼽아 기다린다.

이것만은 알고 짓자!
초보의 전원주택 짓기

● 땅을 구하기 전에 전문가와 상담 먼저

전원주택을 짓기로 한 사람들이 가장 흔히 저지르는 실수 중 하나가 집을 지을 땅을 먼저 보러 다니는 것이다. 하지만 전문가와 상담이 먼저라는 사실을 잊지 말자. 내가 원하는 집의 설계에 따라 필요한 땅도 달라지기 때문이다. 만약 실내 주차장을 원한다면 평지가 아니라 경사진 땅이 필요하고, 예산이 빠듯하다면 평지의 땅을 사서 공사 비용을 줄여야 한다. 이렇게 땅 매입부터 전문가의 도움을 받는다면 조금 더 경제적인 집 짓기가 가능해진다.

● 설계사와는 많은 대화가 필수

전원주택을 지을 때는 설계가 반이라 할 만큼 기본 틀을 만드는 것이 중요하다. 따라서 설계사에게 원하는 주거방식을 구체적으로 설명하는 것이 무엇보다 필요하다. 더불어 예산을 확실하게 밝히고 규모에 맞는 계획을 수립하는 것도 집을 짓

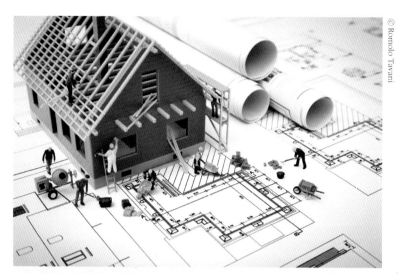

후회 없는 집을 짓기 위해서는 초기 단계에서부터 꼼꼼하게 확인하고 체크해야 한다.

는 기초 작업 중 하나. 내가 원하는 집 못지않게 중요한 건 현실적으로 가능한 설계이기 때문이다. 아무리 멋진 설계도면이 있어도 예산이 부족하다면 집을 제대로 짓기 힘들다. 따라서 현실적으로 가능한 범위 안에서 짓고 싶은 집을 최대한 반영하기 위해선 설계사와 최대한 많은 대화를 나누는 것이 가장 좋은 방법이다.

● 업체 선정 조건은 가격보다 신뢰

공사 과정은 건축주의 고민이 가장 많은 시기다. 저렴하게 좋은 집을 짓기를 원하지만, 그만큼 업체 역시 적정한 이윤을 원하기 때문이다. 여러 차례 미팅을 하여 업체의 신뢰도를 살펴보고, 그 업체가 직접 지은 주택을 방문해 건축주에게 궁금한 것을 물어보는 것도 좋은 방법이다. 여러 군데 견적을 의뢰하다 보면 저렴한 가격을 제시하는 곳도 있겠지만, 자재를 빠뜨리거나 시공 난도를 낮춰 금액을 절감하는 방법을 쓰는 업체도 많다. 따라서 무조건 저렴한 곳보다는 신뢰가 가는 업체 몇 군데를 선정한 뒤 그중에서 결정하는 것이 좋다.

● 견적은 스펙보다 상세하게 요구

마감 사양만 적어놓고 '평당 얼마, 총 금액 얼마' 이렇게 대강의 금액만 적은 것을 스펙 견적서라고 한다. 말 그대로 마감을 이렇게 해주겠다는 사양만 적어놓은 것이다. 반면 상세 견적서는 금액뿐 아니라 설계도면을 바탕으로 상세 항목이 정확하게 기재되어 있다. 예를 들어 '조명 기구 일체 2,000만 원'으로 적힌 게 아니라 조명 기구의 규격과 제조 회사, 제품 번호까지 꼼꼼하게 기재되어 있어야만 추후 분쟁 소지가 없고 제품사양이 변경됐을 때도 책임 소재가 명확해진다.

● 공사 중 꼼꼼한 확인은 필수

계약금을 받았는데도 공사 진행이 더딜 때는 의심해보아야 한다. 일하는 사람한테 직접 대금 결제를 받았는지 물어보는 것도 좋은 방법. 만약 대금이 제대로 지급되지 않는다면 현장 기술자들이 최선을 다해 일하지 않거나, 업체 관리자들이 기술자들을 통제하지 못하는 문제가 발생할 수도 있다. 그리고 자재도 계약한 대로 진행되는지 확인해야 한다. 현관문도 100만 원부터 1,000만 원까지 가격대가 다양하고 강화마루 가격도 천차만별이다.

● 하자 처리는 신속하게

입주하고 한 달 정도 살아본 뒤 불편한 점들을 업체에 점검해달라고 신청하자. 완벽한 건축이란 쉬운 일이 아닌 데다 건축주가 보기엔 하자이지만 업체 입장에서는 하자가 아닌 경우도 많기 때문이다. 따라서 하자 점검이 늦어지면 업체에 말을 하기도 힘들고 하자가 분명한데 하자 아닌 것이 될 수 있으니 주의해야 한다.

내 아이를 위해! 도시탈출 성공기

　　내 아이를 위해 살아야 할 집은 어디일까? 2018년 인구주택총조사에 의하면 미성년 자녀가 있는 가구 중 71.6%가 아파트에 거주하는 것으로 확인됐다. 아이를 가진 가정 중 열에 일곱은 아파트에 사는 셈이다. 아파트에서 태어나 마당과 골목과 마을을 잃어버린 요즘 아이들. 시멘트벽에 익숙한 아이들이 안타까워 서윤이네 아빠는 아파트를 떠나기로 했다.

　　경기도 부천의 한 아파트가 다섯 살 서윤이네 집이었다. 엄마 아빠는 결혼과 함께 아파트에 입주해 신혼살림을 차렸고, 두 살배기 연수까지 아파트에서 생활하는 데 큰 불편함을 느끼진 않았다. 이사를 결심한 건 아빠의 회사가 경상북도 김천시로 옮기면서부터였다. 이사할 집을 찾아다니던 중 판에 박은 듯 똑같은 아파트보다 집을 지어야겠다고 마음을 먹게 된 것이다.

물론 쉽지 않은 결심이었다. 지방 도시인 만큼 아파트 가격이 수도권만큼 비싸지는 않았다. 그래서 집을 짓는 것이 아파트를 사는 것보다 더 큰 비용이 든다는 것이 가장 큰 고민이었다. 아파트는 살다가 이사하고 싶을 때 시세대로 처분할 수 있지만, 주택이라면 상황이 좀 달라지기 때문이다. 서윤 아빠의 가장 큰 고민이기도 했다.

집을 지었는데 생각보다 좋지 않다면 그때는 어떻게 해야 할까? 집을 짓는 비용이 저희에게는 굉장히 큰돈인데, 만약 떠나고 싶을 때 집이 팔리지 않는다면 그것도 문제잖아요. 그런 부분을 신경 쓰지 않을 수 없었어요.

집을 짓는 데 필요한 총 예산이 약 4억 7천만 원. 사실 지방 소도시의 아파트 가격과 비교하면 오히려 더 비싼 편이다. 게다가 집에 대해서 욕심이 생길수록 비용은 끝없이 올라갔다. 그래서 초심으로 돌아가기 위해 노력했다는 서윤이네 가족. 근사한 전원주택이 아니라 가족들이 행복할 수 있는 공간, 아파트가 아닌 집을 짓는 것으로 목표를 수정했다.

땅을 매입하고도 여러 번 마음이 흔들렸다. 집 공사를 계약하고도 땅을 그냥 팔아버릴까, 밤잠 설치며 고민하기도 했다. 너무 큰 돈을 불확실한 미래에 투자하는 건 아닌지 불안한 마음을 떨칠 수

집 한가운데 중앙정원이 있는 서윤이네 집

중앙정원은 외부와 차단되어 아이들이 자유롭게 나가 놀고, 온 가족이 쉴 수 있는 공간으로 활용된다.

없었다. 하지만 그런 고민을 초월할 수 있었던 건 단 하나, 더 늦기 전에 아이들을 위해 마음 놓고 뛰어놀 수 있는 집을 짓고 싶은 마음이었다.

집을 설계할 때도 철저히 아이들 위주로 공간을 배치했다. 엄마를 늘 따라다니는 아이들이 시야에서 멀어지지 않도록 주방과 거실을 하나로 연결하고, 다른 집이라면 수납장을 놓을 만한 자리도 아이들 놀이공간으로 꾸몄다. 현실적인 문제로 2층을 짓기는 어려웠지만, 대신 천장을 높여서 복층 형태로 놀이방을 만들어줬다.

모든 것이 아이들 중심으로 설계된 집. 그렇게 지은 집에서 백미는 집 한가운데 마련한 중앙정원이다. 4면이 벽으로 완전히 둘러싸인 정원은 아이들이 자유롭게 나가 놀 수 있도록 고민 끝에 설계한 공간이다. 마당이 있는 집을 원했지만 집을 보러 다니는 동안 마당이 너무 공개되어 불편한 경우도 종종 볼 수 있었다. 그래서 건물을 ㄷ 자 형태로 짓고 한 면은 벽으로 막아 중앙정원이 있는 집을 설계했다.

혹시 너무 어둡거나 바람이 통하지 않아 더울까 봐 걱정이 되었지만 외부의 시선을 신경 쓰지 않고 아이들이 놀 수 있도록 해주고 싶었다. 그리고 결과는 대만족이었다. 엄마와 아빠가 걱정하던 것보다 바람도 잘 통하고, 햇볕도 잘 들어와 어둡지 않았다. 외부의 시선을 차단하기 위해 커튼을 칠 필요도 없었다. 아무 때나, 아무렇게나 가족이 편히 쉴 수 있는 특별한 공간은 그렇게 완성됐다.

주택에 사는 언니들은 옷이 3가지가 필요하다고 했거든요. 집에서 입는 옷, 마당에서 입는 옷, 외출할 때 입는 옷. 그런데 우리 집은 중간 단계가 없죠. 그냥 잠옷만 입고 나가서 누워도 되니까요.

중정을 바라보면 웃음부터 난다는 서윤 엄마. 부부의 교육 원칙 중 하나가 아이들에게 절대 텔레비전이나 스마트폰을 보여주지 않는다는 것이었다. 그런데 아파트 안에서는 함께 할 만한 놀이가 많지 않았다. 놀이터에 한번 나가려 해도 옷을 갖춰 입느라 바빴고, 챙겨야 할 게 많았다.

이제 주택살이 2년 차. 처음에는 아파트보다 불편할까 봐 걱정했던 것도 사실이다. 하지만 관리비도 아파트와 비슷하게 나오고 쓰레기도 집 앞에 두면 수거해가기 때문에 크게 불편을 느껴본 적은 없다. 그나마 걱정했던 건 마당 관리인데 다행히 아빠가 마당에서 일하고 나무로 뭔가 만드는 것을 좋아했다. 꽃과 나무를 키우는 게 처음인 아이들은 마치 새로운 놀이를 찾아낸 듯 사계절 내내 마당에서 흙과 씨름한다.

아이들을 위해 따로 놀이방을 만들어주긴 했지만, 계단 밑이나 마당에서 놀 때가 더 많다. 특히 첫째 서윤이는 요즘 동생을 피해 혼자만의 시간을 갖느라 바쁘단다. 방해받고 싶지 않을 때는 주로 계단 밑 공간을 아지트로 이용한다는 서윤이. 그곳에 간식을 숨겨놓을 때도 있단다.

놀이터에 가서나 할 수 있었던 서윤이의 모래 놀이도 집 안에 중정이 생기면서 가능하게 되었다.

이렇게 작은 마당 하나로 많은 변화가 찾아왔다. 밥을 해서 마당에 식탁 대신 돗자리를 펴고 둘러앉으면 즉석 가족 소풍이 되고, 흙을 만지는 것조차 꺼리던 아이들이 이제 종일 흙투성이가 되어 논다. 처음엔 모래를 파는 게 전부였지만 요즘은 밖에 나가 풀을 뜯어 와 요리하는 시늉을 하고 돌을 주워 와 담을 쌓기도 한다. 모래를 통해 놀이가 점점 확장되는 것이다. 아이들의 놀이가 달라지는 모습이 서윤이네 엄마와 아빠에겐 가장 큰 감동이었다. 아이들이 얼마나 창의적으로 놀 수 있는지 마당을 통해 깨달았다는 것이다. 초등학교 교사인 엄마 은영 씨는 학교에서 가르치던 아이들을 떠올렸다.

가르치는 아이들한테 가끔 쉬는 시간에 "얘들아, 같이 놀자" 이렇게 말하면 애들이 와서 제일 먼저 묻는 게 "선생님, 뭐 하고 놀아요?"라는 거예요. 아이들 스스로 재미있게 놀 방법을 알려줘야겠다고 막연하게 생각했는데, 그래서 주택 생활을 더 꿈꿨던 것 같아요.

아이들은 아파트에서 살던 시절을 어떻게 기억하고 있을까? 첫째 서윤이는 뒤꿈치라는 단어와 함께 아파트를 떠올렸다.

엄마가 뒤꿈치를 들고 뛰라고 했어요. 걸을 때도 뒤꿈치 들고 살살 걸으라고 그랬어요.

주택에서 아이의 일상은 180도 달라졌다. 때론 계단 난간이 미끄럼틀이 되고, 거실 바닥에서 동생과 멀리뛰기 시합을 하기도 한다. 집이 곧 운동장이자 서윤이와 연수의 놀이터인 셈이다.

다른 집보다 주방을 크게 설계한 것도 아이들과 함께 시간을 보내고 싶어서였다. 주말이면 온 가족이 모여 함께 요리를 만든다는 것. 서른다섯 아빠부터 두 살 연수까지, 모두 두 팔 걷고 나서는 시간이기도 하다. 완성된 요리는 마당에 차린다. 서윤이도 이제 제 일을 알아서 척척 거들 만큼 새집에서의 생활이 익숙해졌다고. 이렇게 평범한 하루가 특별해지는 마법, 집이 가족들에게 선사한 가장 큰 기적이 아닐까?

전원주택에 살면서 서윤이네 가족은 함께 하는 시간이 늘어나 행복하다.

일단 햇빛이 들어오는 각도가 달라져요. 추울수록 점점 더 깊숙하게 들어오거든요. 아침에 부는 바람도, 찾아오는 새도 달라져요. 지붕에 이슬이 맺히고 서리가 내리는 것도 다 볼 수 있으니까 계절의 변화를 온몸으로 느끼죠. 아이들도 이제 알아요.

아파트를 떠난 후 엄마는 마당을 통해 계절의 변화를 느끼게 됐다. 아이들 역시 마당에 심은 꽃과 나무가 달라지는 모습을 관찰하며 자연의 변화를 일상생활로 받아들였다. 누구보다 밝게 자라는 아이들을 보며 집을 더 사랑하게 됐다는 서윤이네 가족들. 도시의 아파트에서는 미처 알지 못했던 것들을 지금 열심히 하나하나 알아가는 중이다. 미래 아이들 학군이나 학원은 크게 고민하지 않는다. 당장 행복하게 사는 것이 더 중요하다고 생각하기 때문이다. 행복한 가정에서 자란 아이는 어떠한 환경에서도 꿈을 키워나갈 것이라고 엄마와 아빠는 굳게 믿고 있다.

함께 짓는 전원주택
행복건축학교

집을 짓기로 하고 계약서에 도장을 찍는 순간부터 건축주들의 또 다른 고민이 시작된다. 건축 전문가가 아니라는 점을 악용해 수수료만 챙겨 도망가는 브로커들이 판을 치고 노하우가 부족한 건축주들에게 이른바 바가지를 씌우는 경우도 허다하다. 행복주택협동조합은 이러한 문제를 해결하기 위해 뜻 있는 건축 전문가와 건축주가 함께 설립한 비영리 법인이다.

개인 건축주들을 위해 행복건축학교라는 교육과정을 2019년에 개설, '모르면 당한다. 제대로 배우고 함께 지어요!'라는 슬로건 아래 1주일에 4시간씩 총 6주에 걸쳐 교육한다. 설계부터 인테리어, 시공, 부동산 건축 세무와 금융 등 각 분야의 전문가들이 심도 있는 강연을 제공하고, 건축에 대한 기본적인 공부는 물론 같은 목표를 가진 건축주들이 소통할 기회도 마련된다.

전문가들은 건축 시장이 마치 중고차 시장과 비슷하다고 지적한다. 서비스를 제공하는 공급은 많은데 이에 비하면 수요자들의 신뢰도가 높지 않다는 것이다. 집을 짓고 싶은 건축주와 전문 업체가 서로 신뢰하는 선순환 구조로 바뀌는 것이 행복건축학교를 만든 이유이자 목표다.

아파트를 포기하면 얻을 수 있는 것들

전라남도 장성군에서 세 아이를 키우고 있는 송광석 씨와 오은 주 씨 부부. 아파트에서 주택으로 이사한 건 사실 셋째 하담이 덕분이다. 초음파 사진으로 하담이를 처음 보던 날 이사를 결심했고, 막연히 꿈만 꾸던 주택 생활을 실행할 수 있는 용기를 얻었다.

아이 둘을 키울 때까지만 해도 34평 아파트가 크게 불편하지 않았거든요. 그런데 셋째를 임신하니까 숨이 탁 막히면서 집이 좁게 느껴지는 거예요. 사실 처음에는 큰 아파트를 알아보려고 했어요. 그런데 도저히 정이 안 갔어요. 아파트에서 아이 셋을 키워야 하나?

인테리어 디자이너였던 엄마는 막연히 생각만 갖고 있던 주택 살이를 시작할 적기라고 판단했다. 그리고 임신 사실을 확인하던 날 오후에 부동산을 찾아 땅을 보러 다녔고, 정확히 일주일 후에 매매 계약서를 작성했다. 모든 것이 속전속결로 이루어졌다. 바로 설계도면을 완성했고, 두어 달 만에 착공에 들어갔다. 엄마 은주 씨가 인테리어 업계에서 일했기 때문에 업계 사정에 밝은 것도 큰 도움이 되었다.

가족이 넷일 때는 광주 여느 맞벌이 부부처럼 광주의 도심 아파트에서 살았다. 아이가 하나 늘어 더 큰 평수로 옮기려면 그만큼 집값도 더 비싸지는 상황. 하지만 외곽에 주택 단지로 조성된 땅에 집을 지으면 비용이 훨씬 저렴했다. 같은 평수의 아파트와 비교하면 거의 절반 수준인 가격은 아파트를 떠날 수 있게 한 큰 힘이기도 했다.

집을 지을 때 가장 고려한 건 아이들을 위한 공간이었다. 자연의 변화를 가까이서 지켜볼 수 있도록 창을 넓게 내고, 가족이 한자리에 모이는 주방은 집의 가장 중심에 배치했다. 그리고 주방 옆에는 아이들의 놀이공간이 자리 잡고 있다. 2층으로 올라가면 첫째와 둘째가 함께 쓰는 방이 보이는데, 지금은 같이 쓰다가 좀 더 크면 방을 분리할 수 있는 구조로 만들었다. 옆은 막내 하담이의 방으로 부부의 침실과 마주보는 형태로 이루어져 있다.

집에서 가장 재미있는 건 여러 공간이 서로 연결되고 순환되도

하담이네 아이들은 사계절 내내 가족 전용 미니 수영장에서 물놀이를 즐길 수 있다.

록 맞물린다는 것이다. 오늘은 이쪽 길로 가고 내일은 다른 길로 갈 수 있도록 마치 미로 찾기를 하는 것처럼 아이들이 다양한 공간을 경험하게 해주고 싶었기 때문이다. 그리고 아이들을 위한 비장의 무기가 하나 더 있다. 1년 365일 사용할 수 있는 미니 수영장! 차 타고 멀리 갈 것도 없이 집에서 옷을 갈아입고 뛰어들면 되는 하담이네 가족 전용 수영장이다. 아파트 가격의 절반으로 아이들을 위해 많은 것을 해줄 수 있다는 점이 주택살이의 가장 큰 매력이었다.

물론 포기해야 하는 것도 있었다. 광주 도심에서 외곽으로 옮겼으니 어쩔 수 없이 교통이 불편해졌다. 소위 좋은 학교에 아이들을 보낼 수 있는 학군과도 이별을 해야 했다. 또 하나, 나날이 오르는

집이라는 자체를 투자 개념으로 생각하는 사람들이 굉장히 많잖아요

히담이네 아빠는 집을 투자 개념으로 여기지 않았기에 도시와 아파트를 벗어나 전원주택을 지을 수 있었다.

아파트 가격도 이젠 남의 일이 됐다. 그럼에도 아빠 광석 씨는 잃은 것보다 얻은 게 더 많다고 말한다.

집 자체를 투자 개념으로 생각하는 사람들이 많잖아요. 앞으로 10년 후에 얼마가 오를 텐데 아파트를 팔고 가느냐, 걱정도 많이 들었죠. 집을 돈으로 생각하는 거죠. 자신의 행복감은 배제한 채 집을 투자 개념으로 생각하는 게 정말 안타까웠어요.

교통과 학군 그리고 몇 가지 사소한 것들을 포기하니 그보다 훨씬 더 크고 많은 것들을 누릴 수 있게 됐다. 아파트에 살 때는 어린이집에서 돌아오면 대부분의 시간을 집에서 보내던 아이들이 주택으로 이사한 뒤에는 귀가 시간이 늦어졌다. 하지만 별다른 걱정은 하지 않는다. 옆집 친구네 놀러 갔거나 동네 골목에 모여 모래 놀이를 하고 있을 거라는 걸 알기 때문이다. 주말에는 친구네서 먹고 자고 놀다 오는 통에 이틀 동안 아이들 얼굴을 못 본 적도 있다고.

무엇보다 몸과 마음이 건강해졌다고 느낄 때가 많다. 가장 큰 변화는 아이들 얼굴이 검게 그을렸다는 것이다. 더러워지는 것을 신경 쓰지 않고 밖에서 뛰어노는 덕분에 몸이 근육질로 바뀌고 성격도 쾌활해졌다. 마음의 근육도 한결 더 단단해진 걸 느낀다. 아파트에 살 때는 엘리베이터에서 낯선 사람을 보면 경계하느라 날을 세웠지만 시골 마을에선 낯선 어른을 만나도 즐겁게 인사할 수 있는 여유가 생겼다. 아이들은 친구들과 싸워도 금방 웃고, 맨발로 동네를 돌아다니는 것도 주저하지 않는다. 엄마 은주 씨는 가장 뿌듯한 순간으로 둘째 하경이가 짓고 싶은 집을 그렸을 때를 떠올렸다.

지금 네 살인데 어린이집에서 집을 그리는 시간이 있었대요. 아이들이 대체로 아파트에 살면서도 집을 그릴 때는 모두 주택을 그렸다고 하더라고요. 그런데 하경이가 그린 집을 보고 "이게 누구 집이야" 물었더니 "지금 사는 집은 엄마 집이니까 나는 내가 짓고 싶은 집을 그렸어요"라고 했대요. 집을 짓는 일이 아이에겐 굉장히 소중한 경험이 됐고 나중에 우리 아이들도 자연스럽게 자기가 살고 싶은 집을 지어서 살게 될 것 같아요.

하담이네 아빠는 전원생활을 하면서 이웃에 사는 사람들과 자주 식사하고, 공감대를 갖는 시간을 갖는다.

전원생활 2년 차에 접어들면서 달라진 건 아이들만이 아니었다. 생활의 여유를 찾은 아빠 광석 씨는 아이들에게 더 많은 마음을 나눠줄 수 있게 됐다고 고백했다. 퇴근 시간이 빨라지고, 동네에 친구들도 많이 생겼다. 이웃들 대부분 아이 때문에 집을 지어 이사 온 경우가 많아 어렵지 않게 공감대도 쌓고 아이들과 부모 서로 친구가 될 수 있었다. 이젠 따로 약속하지 않아도 저녁 시간이 되면 누군가네 집에 모여 함께 밥을 해 먹으며 이야기꽃을 피우고, 세상 사는 이야기를 나눈다. 주택이 모여 마을을 이루면서 아파트에 밀려 사라졌던 공동체 문화가 되살아난 것이다.

한번쯤은 누구나 살아보고 싶은 전원생활을 마음껏 누리고 있는 하담이네 가족. 행복한 모습을 들여다보고 있노라면 작은 의문 하나가 살짝 고개를 든다. 지금은 아이들이 어리니까 괜찮을지 몰라도 조금 더 크면 학군이 고민되지 않을까? 엄마 은주 씨의 대답은 단호했다.

공부를 잘하는 것보다는 창의력이 더 중요하다고 생각해요. 그런데 그 창의력은 이 나뭇잎과 이 나뭇잎을 포갰을 때 어떤 모양이 나오는지, 개구리가 뛰었을 때 뒷다리 모양이 어떤지 그런 걸 보면서 키우는 거라고 저는 생각하거든요.

책상 앞에 앉아 문제를 하나 더 푸는 것은 큰 의미가 없다는 것이다. 아이들이 자신만의 눈으로 세상을 바라보고 배워갈 수 있다면 그것만으로도 집을 지은 보람은 충분했다.

하담이네 가족이 추천하는
전원주택 체크리스트

● 학교까지 거리는 얼마?

은주 씨가 첫 번째로 손꼽은 깃은 학교. 아이들이 걸어갈 만한 거리에 학교가 있어야 한다는 것이다. 그리고 안전한 통행을 위해 그 길에 차가 다니지 않는지 확인해야 한다.

● 또래 친구들 알아보기

시골에 집을 짓고 살다 보면 동네에 또래 친구가 없는 경우가 종종 있다. 하담이네 가족은 광주 외곽 지역이지만 주택 단지로 개발된 곳에 집을 지었기 때문에 아이가 있는 가족들이 이사를 와서 어울릴 만한 또래 친구들이 많았다.

● 집만 지으면 끝? 기반 시설 확인은 필수

집을 지을 때 건축비만 생각하기 쉬운데, 집으로서 제 기능을 하기 위해선 기본적인 기반 시설은 갖춰야 한다. 따라서 주택 부지를 고를 때 전기와 상하수도, 정화조, 도로 등 기반 시설을 잘 확인해야 손해를 미연에 방지할 수 있다.

● 도로의 소유권은 누구?

간혹 전원주택 단지 내의 도로가 개인 소유로 돼 있는 곳이 있다. 이럴 경우 남의 땅을 지날 때 도로사용승낙서를 받아야 하는 번거로움이 생길 수 있다. 토지를 매입하기 전 도로가 공용인지 개인 소유인지 미리 확인해보는 것이 필수다.

즐거운 나의 집

김동희 건축가

획일화된 공간에서 벗어나 우리 가족만의 보금자리를 짓는 건 일생에 한두 번 경험하기 어려운 기회일 것이다. 주로 남의 집을 설계하느라 바빴던 김동희 건축가가 자신의 집을 지어야겠다고 결심한 계기는 남들과 비슷하다. 결혼하고 15년 동안 아파트에 살았는데, 층간 소음 때문에 이웃 간에 얼굴 붉히는 게 싫어 아이들 방 하나에 방음시설을 갖춘 놀이방을 만들었다. 문제는 각자의 방을 사용하던 세 딸이 개인 공간이 사라지자 자매들끼리 싸우게 되었다는 것이다.

남들은 좋다고 하는 아파트의 학군도 이사를 결심한 이유였다.

김동희 건축가가 양평에 지은 '희현재'. 이름은 부부와 아이들의 이름에서 각각 따왔다.

공부보다는 취미와 여가를 즐기는 아이로 키우고 싶었는데, 막상 큰아이가 중학교에 입학하니 상황이 달라졌다. 입학한 아이들 대부분이 선행학습을 마친 터라 학원 한 번 보내지 않은 아이가 진도를 따라잡기 어려운 상황이었다.

그런데 서울을 살짝 벗어났을 뿐인데 정말 많은 게 달라졌다. 아파트에 살 때는 몇 년 후 입시를 미리 걱정해야 했지만 시골에선 누구도 선행학습을 하지 않았다. 억지로 시키는 사람이 없으니 오히려 아이들 스스로 해야 할 일을 먼저 찾기 시작했다. 도서관이며

영화관에 심심할 틈이 없었던 서울 생활과 달리 마당에서 놀거나 혼자 생각하는 시간이 많아졌다. 어쩌면 인생이 막연해진 것인데 놀랍게도 아이들은 그 막연함 속에서 길을 찾고 주도적인 삶을 개척해나가는 방법을 배우고 있었다.

서울에 살 땐 꿈이 대학 입시 합격이라던 중학생 딸이 가장 많이 달라졌다. 시골에서 한 학기를 보내더니 갑자기 애니메이션을 공부하고 싶다며 일본어를 독학으로 공부했고, 자존감도 더 높아졌다. 책상 앞에 앉아 집중력 있게 공부하는 시간이 길어진 것도 김동희 건축가가 보기엔 놀라운 변화였다.

지금 사는 집이 내 집이라는 강한 자부심을 느끼는 것 같아요. 아파트에서는 내 집이라는 자부심과 애정을 갖기 어려워요. 왜냐하면 옆집과 평수랑 구조가 똑같거든요. 예전에 옆집이 이사를 들어오는데 문이 빼꼼 열리니까 아이들이 일부분만 보고도 그 공간을 다 추측하더라고요. 거꾸로 옆집에서도 우리 집을 다 추측한다는 얘기거든요. 심리적으로 알게 모르게 내가 노출된다고 느끼고 집에 대한 애착을 갖기도 어렵죠.

아파트가 상품화됐다는 것도 문제다. 한때 '우리 집은 래미안이다'라는 광고 문구가 유행했듯이 아파트는 브랜드로 가치를 표시하고 아파트 등급이 자존감을 좌우한다. 한 건물이 모두 같은 구조로 되어 있으니 면적은 몇 평이고 가격은 얼마인지 예측하기 쉽다. 사람을 평가하는 기준이 어느새 아파트가 되어버린 것이다. 아파트에 오래 산 아이들은 자신도 모르게 아파트로 사람을 평가하는 잣대가 생겼을지도 모른다.

그래서 김동희 건축가는 아이들에게 늘 자존감을 가지고 살라고 당부한다. 아파트의 브랜드가 특별한 것이 아니라, 서로 다른 공간에 산다는 것 자체로 특별함을 갖게 해줘야 한다는 것이다.

아파트에 살 때 오히려 아이들을 제어하기가 더 쉬웠어요. 오늘 숙제를 했는지 안 했는지 딱 보이거든요. 그런데 주택의 공간들은 입체적이다 보니 아이가 숨을 공간이 너무 많아요. 스마트폰 사용을 단속하는 것도 아파트는 굉장히 간단했죠. 와이파이를 끄면 되거든요. 그런데 주택은 와이파이를 켜놔야 기본적으로 작동하는 시설들이 있어서 끌 수가 없어요. 그래서 지금은 스마트폰 하지 말라는 말 대신 마당에서 돌을 줍자고 하거나 다른 걸 같이 하자고 하죠.

반대로 이야기하면 아이들이 숨어서 공부하거나 장난을 치더라도 참견하지 않고 기다릴 수 있는 여유가 생겼다는 것이다. 아파트에 오랫동안 살면서 놓친 것들을 이제 아이들과 함께 하나하나 찾아 나설 예정이다.

처음에는 주택이 답이라고 생각했지만 살다 보니 저절로 깨달았다. 아이들에게는 매번 특별해질 수 있는 다채로운 공간이 필요

김동희 건축가의 집 측면 조감도

하다는 것을. 지금은 새로 지은 전원주택이 아이들에게 특별한 공
간이겠지만 이곳에서 또 10년을 살다 보면 아파트에서 살았던 것
처럼 익숙한 공간이 될 것이다.

집과 사람은 상호작용한다는 것이 김동희 건축가의 믿음이다.
집이 바뀌려면 사람이 달라져야 하고, 사람이 달라지기 위해선 집
이라는 공간이 변해야 한다. 부모와 아이가 함께 할 수 있는 다양한
놀이를 찾고, 가구의 위치나 소품을 바꾸려는 노력도 필요하다.

성장기 아이들은 환경에 민감하게 반응한다.

시신경을 통한 자극과 촉각적인 감각 훈련은

긍정적인 학습 태도를 만들어주는 중요한 요소!

아이들의 발달 과정과 놀이 습관을 파악한 뒤

뇌를 자극할 수 있는 다양한 요소를 건축에 녹여넣는다면

아이들의 지능을 발달시키는 데 도움이 될 수 있다.

02

떠날 수 없다면 바꿔라

아파트를 떠나지 못하는 이유

아파트에서 아이를 키우는 부모들의 가장 큰 고민은 층간 소음이 아닐까? 그래서 희람이네 가족이 집을 구하는 첫 번째 조건은 바로 1층이었다. 신나게 놀고 뛰어도 뭐라 하는 사람이 없으니 그것만으로도 커다란 마음의 짐을 덜었다고 생각했다. 아이들이 마음껏 뛰어노는 걸 무엇보다 중요하게 생각하는 희람이네 엄마와 아빠. 하지만 아파트를 떠나는 건 엄두가 나지 않았다.

보안이나 치안은 아파트가 정말 잘 돼 있잖아요. 그게 가장 장점이라고 생각해요. 그런데 단점은 그래서 아파트를 벗어날 수가 없어요. 눈이나 오면 좀 달라질까? 아파트 풍경은 똑같잖아요. 놀이터에 가더라도 매일 타는 놀이기구가 전부니까, 애들에게 새로운 자극이 없어요.

저희가 1층을 선택할 수밖에 없었어요

희람이 아빠는 아파트 층간 소음 고민 때문에 아이들이 편안하게 뛰어놀 수 있는 1층을 선택했다.

이선주(39세)
아파트에 거주 중인 두 아이의 엄마

보안이나 치안은 아파트가 되게 잘 되어 있는 것 같아요

희람이 엄마는 아파트의 편리함과 치안의 장점 때문에 아파트 거주를 쉽게 포기하기 어렵다고 말한다.

희람이 엄마의 고민은 벌써 6년째 계속되고 있다지만 아파트만큼 편리한 주거공간을 찾기는 어려웠다. 대신 주말이면 아파트를 벗어나 산으로 들로 놀러 다니고, 아이들이 좋아하는 놀이동산이나 키즈 카페도 종종 찾는 편이다.

집에서는 주로 거실에서 생활이 이루어진다. 교육을 위해 과감하게 텔레비전도 치우고, 거실 한가운데 커다란 식탁을 놓았다. 이 공간에서 아이들은 밥과 간식을 먹고, 색칠 놀이와 글씨 공부를 한다. 넓은 식탁에서 아이들과 함께 책을 읽기엔 편리했지만, 차지하는 자리만큼 거실은 비좁아졌다. 아이들이 바닥에서 노는 데 지장이 있을 정도. 사실 따로 놀이방도 있었다. 문제는 엄마나 아빠가 함께 놀아주지 않으면 아이들끼리 놀이방에서 놀려 하지 않는다는 것이다.

희람이 아빠는 육아 휴직까지 하며 지극정성으로 아이들을 돌본 열혈 아빠다. 아이들과 잘 놀아주기 위해 지역 아빠 카페에도 가입했고, 전문가들의 칼럼을 열심히 읽고 공부했다. 아이들이 엄마와 앉아서 책을 함께 읽는다면 아빠와는 주로 뛰고 구르면서 온몸으로 격렬하게 논다. 엄마와 아빠가 아이들의 가장 가까운 놀이 대상인 셈이다.

놀이터에서 친구들과 함께 놀면 좋을 텐데, 아파트 놀이터는 6시만 되면 아이들이 집으로 들어가 텅 비어버린다. 직장에서 일하는 엄마가 서둘러 퇴근해 유치원에 아이들을 데리러 가는 시간이기도 하다. 아이들은 결국 동네에서 친구를 사귀지 못했고, 늘 만나는 유치원 친구들과 놀 때가 더 많다.

희람이 엄마는 자신의 어린 시절을 떠올리면 아이들에게 좀 미안하다며 한숨을 쉬었다. 대문을 열면 골목이 있고 친구들과 풀도 뜯고 벌레도 잡으면서 종일 밖에서 시간을 보냈다. 엄마가 놀아주기만 목 빼고 기다리는 딸들을 볼 때마다 아쉬운 마음이 일렁이곤 한다.

> 저는 어릴 때부터 마당 있는 단독주택에 살았어요. 엄마가 고추를 따 와서 봤고, 오이도 엄마랑 따서 먹어봤어요. 옥수수도 껍질을 까면 그 안에 수염이 있는 걸 그냥 자연스럽게 알게 됐거든요. 그런데 요즘 아이들은 다 사진으로 보고 알려줘야 하니까 안타까울 때가 많죠.

엄마가 놀면서 터득했던 대부분의 세상을 아이들은 이제 책이나 텔레비전을 통해 배운다. 아파트에서의 생활이 어린 시절의 경험을 제한하는 셈이다. 자연과 함께 있는 시간을 마련해주고 싶어서 가끔 가족끼리 캠핑할 때도 있는데, 평소 소극적인 아이들이 낯선 사람을 만나서도 잘 노는 모습을 보면서 아파트를 떠나고 싶다는 유혹이 솟아올랐다.

하지만 주택으로 이사를 하려고 이것저것 알아보다가도 이내 마음을 접어야 했다. 아이들 교육 때문이다. 일곱 살인 희람이가 내

(아이들은) 텍스트나 사진으로 알려줘야 하는 거니까 그게 좀 아쉽더라고요.

희람이 엄마는 평소 자연과 함께 하는 시간을 아이들에게 많이 제공하려고 노력한다고 한다.

년에는 학교에 들어가는데 아이들 교육을 생각하면 도저히 발길이 떨어지지 않는다는 희람이 엄마.

마당 딸린 주택에 학군까지 좋은 곳은 흔치 않았다. 어쩌다 찾아도 너무 비싸거나 희람이네 부모 직장과 거리가 너무 멀어 문제였다. 아이를 어디에서 키워야 하나, 오늘도 엄마 선주 씨의 고민은 길을 잃고 흔들린다.

다은이네 집도 비슷한 고민에 빠져 있다. 인형 놀이와 공주를 좋아하는 여섯 살 다은이는 못 말리는 엄마 껌딱지다. 오늘도 어린이집에서 하원하자마자 엄마와 함께 시간 가는 줄 모르고 인형 놀

떠날 수 없다면 바꿔라

이에 푹 빠져 있었다. 문제는 저녁을 준비하러 엄마가 자리를 잠깐 비우면서 시작됐다. 엄마가 시야에서 사라지자 뭔가 불안해하는 모습을 보이더니 급기야 그 좋아하는 인형도 내팽개치고 엄마에게 달려간다. 엄마밖에 모르는 딸을 보며 걱정이 많다는 수연 씨.

외동딸이라 저만 쫓아다녀요. 제가 부엌에 가면 부엌으로 쫓아오고 씻으러 가면 화장실까지도 따라와요. 내년이면 일곱 살인데 이제 걱정이 좀 되죠. 엄마가 아니라 친구랑 놀아야 할 나이잖아요.

더 어릴 때야 그러려니 했지만 잠시도 혼자 있지 못하는 다은이가 엄마는 걱정스럽기만 하다. 유치원에서 친구들과 신나게 놀다가 조용한 집에 오면 적막감에 외로움을 타는 건 아닌지 언제나 신경이 쓰였다. 집에서 보내는 시간 대부분을 엄마가 잘 보이는 거실과 주방에서 생활하는 다은이. 적막한 게 싫어 항상 텔레비전을 트는 게 다은이의 오래된 습관이다. 엄마가 같이 놀아줄 땐 텔레비전을 꺼도 상관없지만 집안일 때문에 바쁠 때면 다은이는 텔레비전 앞을 떠나지 않는다.

아빠와도 티격태격 싸울 때가 많다. 퇴근한 아빠가 거실에서 텔레비전을 보고 있으면 아이가 장난감을 갖고 나와 놀곤 하는데, 아빠는 다은이의 장난감 소리가 시끄럽고 다은이는 혼자서 텔레비전 보는 아빠가 섭섭해서 문제란다.

인형 놀이를 좋아하는 다은이는 엄마가 함께 하지 않으면 인형도 내팽개치고 엄마에게 달려간다.

방에서 논다는 생각 자체를 안 해요. 놀이방에 혼자 있는 걸 무서워하는 것
같더라고요. 친구가 놀러 오면 언제 그랬냐는 듯이 저 방에서 둘이 잘 놀아
요. 혼자 있는 걸 정말 싫어하는 것 같아요.

　　육아 휴직을 마치고 복직을 앞둔 엄마는 그래서 요즘 고민이
많다. 예쁜 자기 방이 생기면 엄마를 덜 따라다니게 될 줄 알았다.
다은이가 좋아하는 공주 인형으로 장식하고, 놀이터에 가는 걸 좋
아하는 다은이를 위해 방에 미끄럼틀, 트램펄린, 그네까지 설치했
다. 하지만 아이가 좋아하는 건 아주 잠깐, 방에서 즐겁게 놀기를
바라는 엄마의 노력은 번번이 실패로 끝났다.

여기에 있을 때 답답해가지고 더 빨리 장난감을 갖고 나와요

다은이 방에는 좋아하는 장난감과 인형이 가득하지만 혼자 있을 때 답답하다고 느껴 자꾸 벗어나려고 한다.

장난감을 가지러 갈 때만 방에 들어가는 다은이를 볼 때마다 수연 씨의 마음은 무거웠다. 아이에게 방이란 놀이를 하는 공간이 아니라 장난감을 보관하는 창고에 불과했다. 과연 무엇이 문제일까? 제작진이 직접 다은이에게 물어보았다.

방이 있는 건 좋지만 여기에 있으면 답답해요. 그래서 장난감을 가지러 와서도 빨리 갖고 밖으로 나와요.

의외의 대답. 다은이는 장난감으로 가득 찬 자기 방이 답답하다고 토로했다. 방에 가득 찬 장난감도 아이를 즐겁게 해주진 못했다.

대신 다은이가 좋아하는 공간은 따로 있다. 엄마와 놀다가도 쪼르르 달려가는 곳은 제주도 여행 사진이 걸린 거실의 벽이다. 다은이는 제주도에 가서 찍은 사진을 엄마와 함께 바라보는 시간을 가장 좋아한다. 제주도에서 말을 타고 꽃을 보았을 때의 기분을 아직도 생생하게 기억한다. 버스를 타고 바라본 나뭇잎과 풀이, 바람을 맞으며 흩어지던 구름이 다은이에게는 잊지 못할 추억으로 남아 있었다.

하지만 서울에서 버스를 타고 바라본 창밖에는 회색 시멘트 건물이 빼곡했다. 아이는 제주도에서 바라본 푸른 나무 이파리를 그리워했다.

밖에서 노는 게 더 좋아요. 지금은 재미없어요. 답답해요.

다은이에게 집은 심심하고 답답한 공간이었다. 어떻게 해야 집에서 아이가 재밌고 신나게 생활할 수 있을까? 엄마의 고민이 시작됐다. 하지만 뭘 해야 할지 몰라 애가 탈 뿐이다. 넓은 발코니가 있다면 상추와 고추 같은 걸 심어서 키워보고 싶기도 했지만, 지금 사는 아파트에서는 그것도 쉽지 않았다. 놀이공간에 변화를 주려고 주방 옆에 장난감을 갖다두기도 했지만, 정리가 제대로 되지 않아 그것도 포기했다.

서울에서 나고 자란 다은이 아빠는 어릴 때부터 아파트에서 살

자연을 관찰할 수도 있고 뛰어놀 수 있는 (공간이) 있으면 좋겠는데

다은이 엄마는 아이를 위해 자연을 관찰할 수 있고 맘껏 뛰어놀 수 있는 공간이 있으면 좋겠다고 생각한다.

았다고 한다. 반면 엄마는 마당이 있는 단독주택에서 유년기를 보냈다. 마당에서 강아지와 숨바꼭질하고, 낮잠도 잤던 시간은 지금도 엄마에겐 좋은 추억으로 남아 있다. 엄마를 닮아서인지 다은이도 강아지를 무척 키우고 싶어 했지만 수연 씨가 반대했다. 아파트에서 강아지를 키우려면 신경 써야 할 일이 한둘이 아니기 때문이다. 자신의 어린 시절 추억을 떠올릴 때마다 엄마는 아파트가 다은이에게 답답한 공간일 거라는 생각이 든다.

아이를 위해 이사를 해보자고 남편과 진지하게 의논한 적도 있다. 뛰는 거 좋아하는 다은이가 마당에서 공을 차고 놀면 행복해할 것 같았다. 그런데 직장 때문에 서울을 벗어나는 게 부부 모두 현실적으로 힘들었다. 직장 문제만 아니면 지방 어디든 상관없이 아이를 위해 홀쩍 떠나고 싶었다.

　도시의 아파트가 답답한 다은이와 서울을 떠날 수 없는 엄마와 아빠. 가족들 모두 행복하려면 어떤 집에서 살아야 할까?

공간이 사람의 뇌에 미치는 영향

공간은 시간과 함께 3차원을 구성하는 요소지만 현실에서 사람들은 두 발로 걸어서 이동할 수 있는 장소로 받아들일 때가 많다. 그리고 많은 사람이 집이나 학교, 병원, 쇼핑센터 같은 공간을 떠올릴 때는 건물 미관이나 자산 가치의 유무를 먼저 따지게 된다. 집을 살 때도 주로 학군과 교통을 먼저 살피는 경우가 많다.

하지만 집은 단순한 장소, 혹은 건축 공간만 의미하지 않는다. 일찍이 푸코나 데카르트처럼 유명한 철학자들은 공간이 인간에게 지대한 영향을 준다는 점을 간파했다. 두뇌가 환경으로부터 감각 정보를 받아 행동을 만들어낸다는 것이다. 건축가인 유현준 교수는 환경이 바뀌면 사람의 행동도 달라진다고 조언한다.

환경이 바뀌면 사람의 행동이 달라지거든요

건축가 유현준 교수는 환경이 바뀌면 사람의 행동과 생각도 달라진다고 조언한다.

환경이 바뀌면 사람의 행동이 달라지고, 행동이 달라지면 생각이 달라지는 거죠. 인간이 만들어놓은 변화가 없는 정지된 공간과 시시각각 변화하는 자연은 확실히 다르다고 생각해요. 우리가 간과하는 것 중 하나가 공간이 주는 교육적인 효과예요. 이제는 그것에 대해서도 고민하고 생각해볼 때가 되지 않았나 싶습니다.

평소에는 잘 인지하지 못하지만 생활이 이루어지는 공간은 우리의 삶과 인생에 많은 영향을 끼치기 마련이다. 그런데 언제까지 아이들에게 어른들의 편의대로 주어진 공간에 맞춰 살라고 해야 하는 걸까? 아이들이 살아가야 할 공간에 더 많은 관심과 변화를 위

한양대학교 건축학부 지승열 교수와 SBS 제작진이 실험한 뇌파 실험

도시 숲과 터널을 차로 지나는 동안 서로 다른 공간에 반응하는 남녀 중학생의 뇌파 변화를 측정했다.

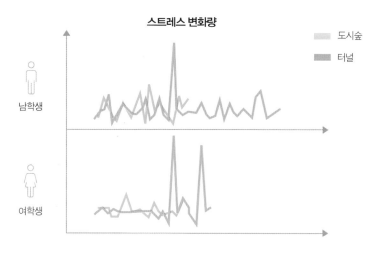

스트레스 변화량

도시숲
터널

남학생

여학생

한 노력이 필요한 때다.

　제작진은 한양대학교 건축학부 지승열 교수와 함께 실험을 하나 실시하기로 했다. 중학교 3학년 학생 두 명이 뇌의 목소리라 불리는 뇌파를 측정하는 기구를 착용한 뒤 숲과 터널을 지나는 동안의 변화를 측정할 예정. 과연 서로 다른 두 공간에서 중학생들의 두 뇌는 어떻게 반응했을까?

　뇌파는 공간이 사람한테 어떤 영향을 주는지 측정할 수 있는 지표다. 그래서 부정적이거나 긍정적인 뇌파를 발생시키는 공간은 어떤 곳인지 살펴보는 실험이다. 우선 차가 다니는 터널을 지날 때 스트레스 변화량 곡선은 불안정하게 움직이며 50% 이상 높게 측정된 것으로 확인됐다.

자동차가 지나갈 때 발생하는 소음 등에 따라서 달라지는 거죠. 차가 많이 지나가거나 하울링 현상이 터널에서 발생하면 뇌파 지수가 높게 나온 것을 볼 수 있습니다. 뇌파의 변화량이 불안정한 상태인 거죠.

지승열 교수는 숲을 지날 때의 뇌파는 처음부터 끝까지 큰 변동 없이 안정적인 수치를 보였다고 설명한다. 터널에서는 차량이나 다양한 인공적인 요인 때문에 뇌파 곡선의 변화 폭이 더 크다는 것이다.

사람들이 어떤 사물에 흥미를 느낄 때 발생하는 긍정적인 뇌파도 터널보다 숲이 16% 가까이 높은 것으로 나타났다. 아무래도 인공적이거나 소음으로 불쾌감을 느낄 수 있는 공간을 지날 때보다 흥미도가 높은 숲을 지날 때 스트레스 변화량이 더 낮다는 것이 지승열 교수의 분석이다.

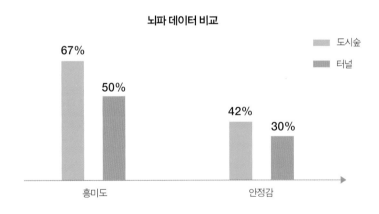

뇌파 데이터 비교

도시숲
터널

흥미도: 67% / 50%
안정감: 42% / 30%

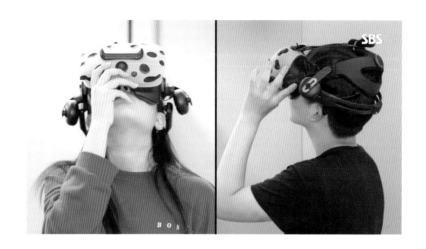

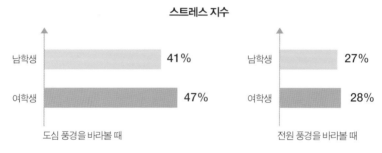

스트레스 지수

	도심 풍경을 바라볼 때		전원 풍경을 바라볼 때
남학생	41%	남학생	27%
여학생	47%	여학생	28%

　　그렇다면 빌딩 숲이 가득한 도시와 숲으로 이루어진 전원의 풍경을 볼 때 우리의 뇌파는 어떻게 반응할까? VR 기기를 착용한 중학생들이 가상의 공간에서 창문 밖으로 보이는 풍경이 달라질 때 뇌파 변화를 측정하기로 했다. 결과는 첫 번째 실험과 비슷했다. 스트레스 지수는 두 학생 모두 도심 풍경을 보았을 때 20% 이상 더 높게 나타났다. 전원 풍경을 바라볼 때는 스트레스 지수도 안정적인 한편 긍정적인 뇌파도 더 높게 측정됐다.

카이스트 바이오 및 뇌공학과 정재승 교수는 공간의 변화가 사람의 뇌에 지속적인 변화를 일으킨다고 설명한다.

뇌과학을 연구하는 정재승 교수는 공간의 변화는 사람의 뇌인지 신경 과정에 지속적인 변화를 일으키게 된다고 설명한다.

예를 들어 우리가 붉은색 환경에 둘러싸이면 굉장히 긴장하게 되고, 쉽게 감정이 격앙되는 걸 관찰할 수 있어요. 그 안에서 생활하는 사람이 1년간 사용하는 어휘라든가 평소 표출하는 분노 감정을 측정해 데이터를 비교해보면 그것이 현저히 높아졌다는 걸 알 수 있죠. 심지어 창의적인 업무처럼 굉장히 추상적이고 고등한 사고도 녹색 계열의 환경으로 바꿔주면 그런 사고들이 좀 더 고무됩니다.

집에서 바라보는 풍경이나 사물이 두뇌의 활동에도 많은 영향을 끼친다는 것이다. 그뿐만이 아니다. 천장의 높낮이도 중요한 요소 중 하나라고 전문가들은 조언한다. 그 예로 드는 것이 히틀러의 총통 관저. 건축가 알베르토 슈페어가 설계한 이곳은 폭은 좁지만 길이는 무려 400m에 달하고, 중간중간 극적이고 장대한 효과를 낼 수 있도록 거대한 조형물을 배치했다. 가장 눈에 띄는 특징은 천장이 높은 공간이 계속되다 취조실로 넘어갈 때는 갑자기 천장 높이가 낮아진다는 것이다. 그 차이가 무려 10m 이상. 이 높이의 변화를 견디지 못하고 기절하는 사례도 있었다고 한다.

제작진은 히틀러의 관저를 가상 공간으로 구현했다. 그리고 VR

기기를 착용한 뒤 그 공간에서 머무를 때 뇌파의 변화를 살펴보고 의미 있는 결과를 관찰할 수 있었다. 천장의 높이 차이는 2m. 지승열 교수는 천장이 더 높을 때 실험에 참가했던 중학생들의 뇌파 반응이 더 안정적이었다고 말한다.

천장이 높은 공간에서는 뇌파가 안정적이었고 스트레스 지수도 낮았어요. 반면에 급작스러운 공간의 변화로 천장이 낮은 공간으로 넘어갔을 때는 스트레스 지수가 급격하게 올라가는 변화를 보였고요. 안정감 역시 좋지 않은 결과로 나왔습니다.

천장의 높낮이에 따라 감정이 달라진다는 것이다. 이렇게 공간의 높이는 인간의 뇌에 지대한 영향을 미치는데, 특히 한창 두뇌가 발달하는 아이들에게는 그 영향력이 훨씬 더 크다고 한다. 따라서 뇌과학자 정재승 교수는 아이를 둘러싼 공간에 더 많은 관심을 가져야 한다고 조언한다.

아이들의 경우에는 정상적인 발달 단계에서의 공간이 굉장히 중요하게 영향을 미치기 때문에 어떤 환경에 놓이느냐에 따라 변화하는 폭이 굉장히 넓습니다. 아주 풍성한 자극 환경에 놓이면 세포들 사이의 시냅스 연결이 훨씬 확장되어 그 뇌가 좀 더 복잡한 자극을 빨리 처리할 수 있는 능력이 생기는 거죠.

천장 높이에 따른 뇌파 변화를 살펴보면 천장이 높은 공간에서 뇌파는 안정적이고 스트레스 지수도 낮았다.

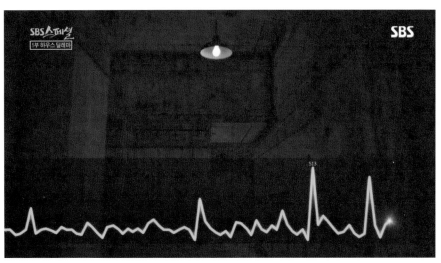

천장이 높은 공간에서 점차 낮은 공간으로 넘어가자 체험자의 스트레스 지수가 급격히 올라갔다.

조성행 건축가는 자발적인 참여가 가능한 공간이 아이들의 성장 발달에서 굉장히 중요하다고 말한다.

신경건축학회의 조성행 건축가는 아이들이 스스로 놀이를 할 수 있는 환경을 만들어줘야 한다고 주장한다.

결국 다양한 환경의 자극이 있느냐 없느냐가 중요합니다. 내가 이 공간에 수동적으로 들어가서 만들어진 공간 그대로 놀 수밖에 없는 상황보다는 자기가 놀이를 만들 수 있고 이끌어갈 수 있는 공간의 역할이 매우 중요합니다.

아이들은 놀이를 통해 세상을 배운다. 따라서 제대로 놀 수 있는 환경을 만들어주는 것이, 성장 발달에 무척 중요하다는 설명이다. 그렇다면 놀이에서 가장 중요한 요소는 무엇일까? 첫 번째는 자발적인 참여다. 누가 시키는 게 아니라 아이가 직접 선택한 놀이를 스스로 이끌어갈 때 제대로 된 놀이가 가능하다. 두 번째는 결과보다 과정이 더 즐겁고 재미있어야 한다는 것이다. 놀이를 마쳤을 때 따라오는 보상은 중요하지 않다. 놀이하는 동안 아이들은 일상생활과는 다른 몰입을 느끼게 되고, 놀이를 통해 다양한 경험을 해볼 수 있게 된다.

하지만 대한민국의 아이들이 주로 거주하는 아파트는 구조적으로 제대로 놀기 어렵다. 층별로 다 똑같은 공간에서, 똑같은 패턴으로 생활이 이루어지는 아파트. 공간에 사람들의 일상을 끼워 맞추는 셈이다. 경제적으로는 효율적이지만 아이들이 다양한 상상력을 펼치며 놀 수 있는 환경으로는 부적합하다는 것이다. 놀이터도 마찬가지. 아파트 이름만 다를 뿐 놀이터는 어디를 가나 똑같다. 이렇게 정형화된 공간은 아이들에게 흥미를 끌지 못한다.

이제 부모들에게 다시 질문을 던져야 할 차례다. 과연 집에서 우리 아이들의 공간은 어떤 모습일까? 아파트 설계도면에 그려진 작은 방에 침대와 책상이 놓인 천편일률적인 공간은 아닌지 돌아보아야 한다. 중요한 건 어디에 사는지가 아니라 집에서 재미를 느끼고 오감을 자극받을 수 있는 다양한 환경이 필요하기 때문이다.

뇌가 행복한 공간의 비밀,
신경건축학

공간과 건축이 인간의 사고와 행동에 미치는 영향을 과학적으로 측정하고, 이를 바탕삼아 더 나은 공간을 만들어가기 위한 새로운 학문이 주목받고 있다. 신경과학과 건축학이 만나 새로운 학문의 장을 펼치는 신경건축학이 바로 그것이다. 인간이 행복할 때 분비되는 세로토닌과 스트레스 호르몬인 코르티솔을 측정해 뇌가 행복을 느끼는 건축과 공간을 파악한다는 것이다.

신경건축학의 탄생은 소아마비 백신을 개발한 피츠버그 대학의 솔크 교수에서부터 시작됐다. 백신 개발에 대한 좋은 아이디어가 떠오르지 않았던 그는 이탈리아로 여행을 떠났고, 한 오래된 성당에서 불현듯 백신 개발의 힌트를 얻게 되었다. 솔크 교수는 훗날 자신의 이름을 딴 생명과학연구소를 건립하면서 건축가에게 천장이 높으면 창의적인 아이디어가 샘솟는 것 같다며 천장을 기존의 건물보다 더 높은 3m로 올려달라고 요구했다. 세상에서 가장 높은 천장을 가진 연구소로 통하는 이 솔크 연구소에서는 지금까지 5명의 노벨상 수상자를 배출했다.

과연 솔크 교수의 개인적인 느낌일까? 2008년 미국 미네소타 대학의 조앤 메이어스 레비 교수는 천장의 높이가 인간의 창의력에 영향을 미친다는 걸 실험으로 증명했다. 천장 높이가 각각 2.4m, 2.7m, 3m인 세 군데 건물에서 참가자들에게 창의력과 관련된 문제를 풀게 했더니 높이가 3m인 건물에서 두 배 이상 잘 풀었다는 것이다. 반면 천장 높이가 낮은 2.4m 건물에서는 창의력보다는 집중력을 요구하는 연산 문제를 더 잘 푸는 것으로 나타났다.

유명 건축가인 하버드 대학의 프랭크 게리 박사는 인간의 뇌가 모양, 색깔, 질감과 같은 건축 요소들에 대해 긍정적 혹은 부정적으로 어떻게 반응하는지 알 수 있다면 인간의 삶을 더 나은 방향으로 이끌어갈 수 있는 공간을 만들 수 있다고 주장했다.

공간에 따른 뇌의 긍정적 반응

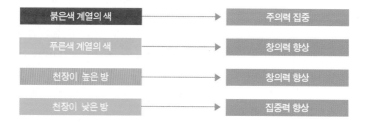

붉은색 계열의 색	→	주의력 집중
푸른색 계열의 색	→	창의력 향상
천장이 높은 방	→	창의력 향상
천장이 낮은 방	→	집중력 향상

신경건축학은 2003년 미국에서 '건축을 위한 신경과학 아카데미'가 결성된 후 활기를 띠기 시작했다. 캐나다의 브리시티컬럼비아 대학 연구진은 붉은색은 주의력을 집중시키는 효과가 있고 푸른 계열의 색은 창의력을 높이는 데 도움이 된다는 연구 결과를 발표했다. 1인 가구가 늘어가는 요즘엔 고립감을 줄일 수 있도록 사회적 유대감이 형성될 때 분비되는 옥시토신을 촉진하는 공간이 필요하다는 연구도 화제를 모았다. 방에 햇빛이 충분히 들어오도록 설계하거나 실내 마감재를 부드러운 재료로 사용했을 때 옥시토신 분비가 더 활발해진다는 것이다.

세계 최고의 회사로 손꼽히는 구글에서도 같은 이유로 사무공간을 자유로운 놀이공간으로 꾸몄다. 일이 아닌 일 자체를 즐길 수 있는 분위기를 만들어줘야 가장 창의적인 결과물이 나올 거라는 확신이 엿보이는 대목이다. 덴마크의 레고 사무실도 비슷하다. 미끄럼틀이 설치된 놀이공간이 따로 마련됐을 만큼 놀이에 초점을 맞춰 사무실을 설계했다. 재미와 창의력 그리고 혁신을 기반으로 디자인에 매진할 수 있는 환경을 만들어주기 위해서다.

뇌과학을 연구하는 정재승 교수는 신경건축 분야는 시작한 지 얼마 되지 않아 연구 결과가 많지 않다고 설명하면서도, 행복한 공간에 대한 이해를 넓히고 경제적 조건이 아니라 사람을 헤아리는 건축의 시대가 열릴 것이라고 기대한다. 건축가의 설계에 신경과학이 더해짐으로써 인간의 삶과 행복을 배려하는 집을 지을 수 있는 기반이 마련되고 있다.

이상과 현실 사이, 길을 잃은 우리 집

아이들의 성장에 꼭 필요한 다양한 자극과 변화무쌍한 공간은 어디에 있을까? 가장 대표적인 것이 바로 자연이다. 새로운 공간을 찾아 나서는 희람이네 가족을 다시 만났다. 서울 외곽의 전원주택을 둘러보기로 했다는 가족들의 표정은 설렘 반 걱정 반이었다. 집을 보러 가는 차 안에서 엄마 선주 씨는 살펴봐야 할 항목들을 꼼꼼하게 확인했다.

집 가까운 곳에 대형마트는 꼭 있어야 하지 않을까요? 학교도 걸어서 다닐 수 있으면 좋겠어요. 병원도 중요해요. 근처에 큰 병원이 있어야 아이들을 키울 때 좀 안심이 되지 않을까요?

커다란 거실 창으로 넓은 잔디 마당과 초록의 싱그러운 기운이 내다보이는 양평의 전원주택 풍경

　　과연 엄마의 희망사항은 이루어질 수 있을까? 가장 먼저 찾은 곳은 경기도 양평의 전원주택 단지였다. 초록 잎이 무성한 나무로 둘러싸인 2층집은 싱그러운 기운으로 가득했다. 널따란 마당에 가슴까지 확 트이는 기분. 현관문을 열자 지금까지 살던 아파트와는 전혀 다른 공간들이 가족들을 맞아준다. 거실의 커다란 창으로 햇볕이 쏟아지고, 녹음이 우거진 산이 풍경화처럼 펼쳐져 있었다. 획일적으로 공간을 나눈 것이 아니라 쓸모에 따라 주방과 거실이 요리조리 배치돼 있다. 엄마는 수납공간이 잘 되어 있는 주방이 무척 마음에 든 모양이었다.

　　2층으로 올라가자 1층에서 본 것과는 또 다른 풍경이 내려다보

아이들이 맘껏 뛰어놀 수 있는 마당이 있는 전원주택이지만 희람이 엄마는 쉽사리 결정을 내리지 못한다.

였다. 푸르게 펼쳐진 밭이 하늘과 맞닿아 있고, 살랑이는 바람이 가족들의 이마를 간질였다. 희람이와 혜람이는 이미 자기네 집인 듯 신나게 숨바꼭질을 하고 뛰어놀기 시작했다. 집 안에 계단이 있고, 바닥의 높이와 창문의 크기가 다른 공간들. 아파트에 살면서는 느껴보지 못했던 즐거움이 아이들의 마음을 사로잡았다.

사실 가격도 괜찮은 편이다. 대지만 140평이라 넓고 건물 면적도 50평이 넘는다. 잔디가 깔린 푸른 마당에 탁 트인 전망을 자랑하는 2층집의 가격은 5억 3천만 원. 서울 아파트 전셋값 정도의 돈만 있어도 전원주택의 주인이 될 수 있는 셈이다. 하지만 엄마 선주 씨는 환하게 웃으며 뛰어노는 아이들을 보면서도 쉽사리 결정을 내

도시 아파트에서는 보기 힘든 메뚜기를 잔디 마당에서 집어 들고 관찰하느라 신이 난 희람이

리지 못했다.

　직장이 있는 서울의 잠실까지 출퇴근 시간이 만만치 않았던 것. 한참 막힐 시간대의 교통 체증도 걱정이고, 지금 사는 아파트보다 불편할 수밖에 없는 대중교통도 마음에 걸린다. 그렇게 고민만 깊어진 채 희람이네 가족은 두 번째 후보 주택으로 출발했다. 이번에 구경할 집은 첫 번째 집보다 마당이 훨씬 더 넓었다.

　두 번째 집에 도착하자마자 마당에서 메뚜기를 발견한 희람이 자매. 집구경도 뒤로하고 메뚜기를 잡으러 다니느라 신이 났다. 도시의 놀이터에서 보지 못했던 메뚜기를 관찰하느라 시간 가는 줄도 모르는 아이들.

"움직일 때마다 간지러워요."

"메뚜기 다리가 그네처럼 움직이고 있어요."

홍분한 아이들을 보며 엄마는 씁쓸하게 웃었다. 아파트라는 주거공간에서 아이들이 놓치고 산 것들이 무엇인지 체감하는 순간이었다. 이렇게 마당이 넓은 집에 산다면 매주 놀이동산을 찾아다니고 캠핑할 곳을 물색하느라 바쁘지 않을 것 같았다. 자연과 맞닿은 집이 아이들에게 최고의 놀이터요, 그 어떤 놀이동산보다 즐거운 공간이라는 걸 이젠 엄마도 알게 됐다.

행복하게 웃는 아이들을 위해 희람이네 엄마와 아빠는 더 꼼꼼하게 집을 살피기 시작했다. 유난히 높은 천장이 마음에 쏙 들었다는 아빠. 이 집도 일반적인 아파트와는 다른 구조로 이루어져 있었다. 마치 펜션에 온 듯한 공간과 인테리어가 엄마의 마음을 사로잡았다. 이런 집에서 산다면 매일매일 아이들과 즐겁게 노는 기분이 들 것만 같았다.

발코니 문을 열고 나가면 또 다른 세상이 펼쳐진다. 마을을 겹겹이 둘러싼 푸른 산이 마치 한 폭의 그림처럼 굽이굽이 이어져 있었다. 창문 너머 콘크리트 숲만 보고 자란 아이들에게 꼭 보여주고 싶었던 풍경을 담고 있는 집. 하지만 이번 집을 보는 동안 엄마의 표정은 더 어두워져만 갔다. 집이 너무 좋아서 착잡하다는 것이다.

전원주택을 둘러보던 희람이 엄마는 현실적인 문제를 생각하니 마음이 착잡하다.

너무 좋아서 문제죠. 아이들 생각하면 정말 이런 집으로 이사 오고 싶어요. 그런데 현실을 생각하면 좀 갑갑하네요. 제가 6시에 퇴근해서 아이들을 어린이집에서 데리고 이 집에 오면 몇 시가 될까요? 아이들을 키우기 위해서라도 맞벌이를 해야 하는데, 현실적인 문제를 생각하면 이 집에서 사는 게 너무 힘들 것 같아요.

경제적인 문제는 아니었다. 마당이 넓은 이번 집의 시세는 3억 9천만 원. 오히려 서울에 살 때보다 더 저렴한 비용으로 더 넓은 집에서 살 수 있는 상황이다. 아무리 출퇴근 시간을 계산하고 따져봐도 감당하기 힘들다는 것이다. 그렇다고 지금의 안정적인 직장을 그만두고 집 근처에서 새로운 일을 찾는 것도 현실적으로는 어려운 이야기다.

나름 큰 결심을 하고 집을 찾아 나섰지만 결국 이상과 현실의 좁힐 수 없는 틈을 확인한 가족들. 비단 희람이네만의 문제는 아니다. 도시에 사는 많은 사람이 비슷한 이유로 떠나지 못하고, 자연을 꿈꾸면서도 답답한 아파트 숲이라는 현실을 살아간다. 이런 현실을 바꿀 수 없다면, 그래서 계속 아이들을 도시에서 키워야 한다면 우리가 아이들의 공간을 위해 할 수 있는 건 무엇일까?

공간은 필요와 목적이 분명해야 한다

아이들이 원하는 공간이 무엇인지 물었을 때 선뜻 대답할 수 있는 부모가 몇이나 될까? 희람이네 엄마와 아빠도 쉽게 답을 내놓지 못했다. 집을 선택하고 가구를 고르는 것까지 모든 생활의 중심이 아이들이었지만, 막상 무엇을 원하는지 아이들의 이야기를 제대로 들어본 적은 없었다.

변화를 꿈꾸지만 서울을 떠날 수 없는 희람이네를 위해 제작진은 심리건축 전문가 김동철 박사와 인테리어 전문가 노진선 디자이너를 초대했다. 김동철 박사는 행복한 집을 짓기 위해선 가장 먼저 가족들의 심리를 읽어야 한다고 주장한다. 건축과 심리, 언뜻 보면 어울리지 않는 분야지만 개인의 심리 상태와 성향 분석을 통해 필요한 공간을 찾아낼 수 있다는 것이다.

김동철 심리건축 전문가와 노진선 디자이너가 놀이기구와 장난감이 가득한 희람이네 아이들 방을 살폈다.

김동철 심리건축 전문가는 아이들 방에서 모든 것이 혼재되어 있는 상태를 확인하고 공간의 통일성을 조언한다.

그렇다면 희람이네 가족에게는 어떤 공간이 필요할까? 김동철 박사와 노진선 디자이너가 가족들이 사는 모습을 꼼꼼하게 관찰하기 시작했다. 특히 아이들의 방을 유심히 살폈다. 커다란 책상과 책장이 한쪽 벽면을 가득 채우고, 방안에는 놀이기구와 장난감으로 가득했다. 김동철 박사는 놀이를 통해 희람이 자매의 심리 상태와 기질적인 성향도 확인했다.

문제는 아이들을 위해 너무 많은 걸 해주려고 한다는 거죠. 방에서 활동적으로 놀 수 있는 장난감도 있어야 하고, 공부도 해야 하고, 감성적인 부분도 채워주고 싶고. 모든 게 다 포함돼 있다 보니까 공간의 통일성이 없어지고 아이들이 집중하기 힘들죠.

아이들이 쉬는 공간이나 놀이공간이 정리되어 있지 않다면 제대로 놀거나 쉴 수 없다는 설명이다. 장난감이 많다고 아이들이 즐겁게 놀 수 있는 건 아니라는 것이다. 게다가 연령대에 맞지 않는 장난감도 다수 포착됐다. 아까워서 버리질 못하다 보니 자리를 차지하게 됐고 오히려 아이들이 놀 수 있는 공간이 좁아질 수밖에 없는 상황이다. 무엇보다 30평대의 넓은 집이지만 아이들에게 진짜 필요한 공간이 없다는 게 가장 큰 문제라고 분석했다.

엄마 아빠의 침실에서 함께 재우고, 책도 읽어주고, 때로는 함께 놀다 보니 모든 공간이 혼재될 수밖에 없었다. 부부의 침실이 아

희람이네 집은 엄마 아빠의 공간과 아이들의 공간이 혼재되어 아이들을 위한 공간이 없다는 지적이다.

이들에게 침실이요 공부방이요 놀이방인 셈이다. 그럼 색칠 놀이를 즐겨 하던 거실은 어떨까?

아이들이 주로 생활하는 곳이지만 커다란 원목 테이블이 중앙에 자리 잡고 있어 뛰어놀 공간으로는 부적절하다는 평가다. 특히 김동철 박사는 커다란 원목 테이블을 치우라고 조언했다. 네 살인 둘째 혜람이가 올라가서 놀다 떨어질 위험이 있고, 원목 색깔도 부부의 기준에서 선택되었다고 지적한다. 정서적인 안정을 위해 차분한 색깔도 필요하지만 시각적 정보가 중요한 시기의 아이들을 위해 알록달록한 원색도 적절하게 배치되어야 한다는 것이다. 다양한 색감의 조명을 활용하는 것도 아이들에게 호기심을 주는 방법이라고.

(희람이와 혜람이) 감성이 완전히 다른 거 같아요

김동철 박사는 희람이와 혜람이가 한 자매이지만 기질과 감성이 전혀 다르다는 것을 발견한다.

희람이 자매와 놀아주면서 성향과 심리 파악에 나선 김동철 박사는 두 아이의 기질이 전혀 달라서 각자의 공간이 별도로 필요한 상황이라고 설명했다. 두 아이의 나이가 다른 만큼 발달 과정도 차이가 나기 때문에 각자 다른 성장 환경을 마련해줘야 한다. 하지만 현재는 잠자는 것부터 공부, 놀이까지 똑같은 공간에서 이루어지고 있다. 이런 경우 자매들의 교감 능력은 좋을 수 있지만, 일곱 살인 희람이가 네 살인 혜람이에게 영향을 받아 퇴행 감응이 일어날 수 있다는 것이다.

노진선 디자이너는 역시 가족들의 공간이 분리되어야 한다는 점을 강조했다. 네 식구가 살고 있지만 사실 아이들 위주로 개방되어 있고, 엄마와 아빠가 쉴 수 있는 공간이 없다는 것이다. 부모가 제대로 쉬지 못하면 그 피곤함이 결국 아이들에게 영향을 줄 수밖에 없다. 딸들을 위해 집의 모든 공간을 내주는 것이 현명한 선택은 아니라는 조언이다.

희람이 자매의 방에서 한쪽 벽면을 차지하고 있는 커다란 책장과 책상도 노진선 디자이너가 볼 때는 개선해야 할 문제였다.

첫째와 둘째가 연령 차이가 있는데도 책상은 똑같이 붙박이로 짜주셨거든요. 아이들이 편안하고 안락하게 쉬면서 여기가 바로 내 공간이라고 느껴야 하는데, 지금 방은 굉장히 무용지물이죠. 놀이방도 아니고 공부방도 아니고 침실도 아니에요. 아이들이 주로 거실에서 논다면 지금 자매의 방을 쉴 수 있고 재충전이 가능한 공간으로 분리해서 만들어줘야 해요.

두 전문가 모두 가족들의 필요에 맞도록 공간을 분리해야 한다는 진단을 내렸다. 엄마와 아빠의 침실은 오롯이 부부가 쉴 수 있는 공간으로, 자매의 방은 휴식과 재충전의 공간으로 기능을 부여해야 한다는 것이다. 현재 창고처럼 사용되는 자매의 방은 공간의 효율이 상당히 낮았다. 수납공간을 활용해 정리하고, 아이들이 편히 쉴 수 있는 침실을 마련해야 한다는 것이다. 특히 여자아이들의 경우 침실에 대한 애착이 크고 놀이와 접목해 자매들만의 세계를 만들어 갈 수 있는 만큼 아이들 방을 더 신경 써야 한다는 것. 더불어 거실

노진선 디자이너는 아이들이 쉬면서 재충전하고 감성을 키울 수 있는 분리된 공간이 중요하다고 설명한다.

과 발코니를 놀이공간으로 활용하되, 연령대가 지난 장난감과 책들을 정리하고 정리된 공간에서 아이들이 좋아하는 놀이를 즐길 수 있도록 해야 한다는 조언도 덧붙였다.

정리되지 않은 환경에서 계속 살다 보면 엄마 역시 우울함을 느끼기 쉽다는 것도 전문가들의 걱정거리 중 하나. 엄마에게도 자신만의 공간이 있어야 아이들의 심리 건강에 더 큰 효과를 발휘할 수 있다는 것이다.

엄마 선주 씨는 전문가들의 진단에 머리를 세게 얻어맞은 느낌이라고 토로했다.

아이들은 계속 크는데 변화를 주지 않았던 것 같아요

두 전문가의 진단을 통해 희람이 엄마는 아이들을 위한 집안 구조나 환경 변화에 무심했다는 것을 깨닫는다.

저희 딴에는 아이들에게 최선을 다한다고 생각했는데 돌아보니 놓친 부분이 많았어요. 애들은 점점 자라는데 집안 구조나 환경은 큰 변화 없이 그냥 그대로 멈춰 있었던 거죠.

공간의 분리는 희람이네 가족에게 남겨진 숙제였다. 아이들 위주로 생활하는 것이 아니라 부부가 포함된 4인 가족이 가정의 중심이 되어야 한다는 조언은 지금까지의 생활을 돌아보는 계기가 됐다. 무조건 내어주고 희생하는 것이 반드시 아이들을 위하는 길은 아니었다. 엄마와 아빠가 행복해야만 아이들 역시 행복할 수 있다는 것을 비로소 알게 된 것이다.

부모와 아이들, 각자가 생각하는 행복한 공간과 필요한 공간이 같을 수는 없는 법! 희람이네 엄마와 아빠는 머리를 맞대고 집의 공간을 다시 구성하기 시작했다. 이번에는 부부를 위한 공간도 빠뜨리지 않을 계획이다.

혼자만의 공간이 아이를 꿈꾸게 한다

 직장 때문에 서울을 벗어나기 힘든 다은이네 엄마에게도 기존의 집 공간을 점검하고 변화를 모색할 기회가 주어졌다. 자신의 방이 답답하다고 했던 여섯 살 다은이의 공간은 무엇이 문제였을까? 오늘도 답답함을 호소하는 다은이네 집을 김동철 박사와 노진선 디자이너가 찾았다.

 집은 전체적으로 정리가 잘 된 편이지만 전문가들은 구석구석 문제점들을 짚어냈다. 첫 번째는 부부 침실에 나란히 놓은 다은이의 침대. 일명 엄마 껌딱지라 불리는 다은이답게 지금까지 잠도 엄마 옆에 꼭 붙어서 잤다는 것이다. 희람이네와 마찬가지로 다은이네 집 역시 공간을 분리해야 한다는 처방이 내려졌다. 더불어 노진선 디자이너는 아이의 독립된 공간이 중요하다고 강조했다.

그래서 여길 보니까 아이와 엄마와 아빠와의 모든 공간이 다 어울려져 있으니까

엄마 아빠의 침대 옆에 나란히 붙어 있는 다은이 침대. 아이의 독립된 공간이 절실한 상황이다.

어떻게 보면 우리나라에서는 굉장히 흔한 부부의 침실이에요. 하지만 부모들이 알아야 해요. 엄마의 마음으로 품에 안고 계속 자게 되면 아이가 자기 공간에 대한 의식이 없어지거든요. 가장 중요한 것은 내 방이라고 느껴질 때, 어른이나 아이나 누워서 그 공간에 있을 때 내 거라는 생각이 제일 많이 들거든요. 가장 편안하고 안락한 휴식을 위한 공간이어야 되는 거예요. 다은이에게 그런 공간이 엄마 아빠의 방이어선 안 되죠. 아이의 독립적인 공간이 무엇보다 절실해요.

그렇다면 엄마가 열심히 꾸며준 다은이의 방은 어떤 상태일까? 햇살이 쏟아지는 창문 쪽엔 다은이가 좋아하는 분홍색 책상이 놓여

다은이 방을 살펴본 김동철 박사는 여섯 살 다은이에게 어울리지 않는 감성으로 꾸며졌다고 평가했다.

있고 한쪽 벽면을 차지한 커다란 책장에는 그림책부터 전집까지 다양한 종류의 책이 꽂혀 있었다. 김동철 박사는 다은이의 방이 여섯 살 나이에 어울리는 감성이 아니라고 평가했다.

장난감이 좀 있고 분홍색으로 포인트만 몇 군데 줬지, 여섯 살 아이에게 어울리는 감성은 아니에요. 한마디로 엄마의 생각으로 꾸민 방이에요. 아이에게 주어진 공간은 있지만 거기에 반영된 건 엄마의 교육관이에요. 방에서 가장 많은 게 책이고, 장난감들도 놀기 위한 것이라기보다는 수납 위주의 형태로 놓여 있어요.

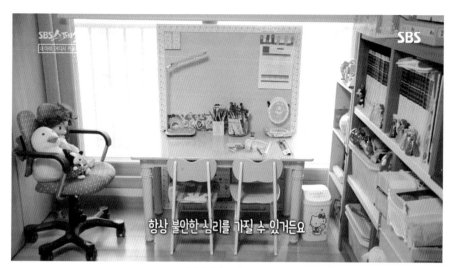

SBS스타
내 아이 어디서 키울...

SBS

항상 불안한 심리를 가질 수 있거든요

책상의 위치가 방문을 등지는 구조는 아이가 불안한 심리를 가질 수 있다.

책상의 위치도 아이의 불안을 자극하는 요소였다. 햇빛이 쏟아지는 창가에 책상이 놓여 있지만 방문을 등지고 있는 구조라 책상 앞에 앉아 있으면 심리가 불안해질 수밖에 없다는 것이 김동철 박사의 분석이다.

아이 방을 꾸밀 때 보통 부모들은 자식의 미래를 먼저 생각하게 되고 어쩔 수 없이 부모의 바람이 투영되는 경우가 많다. 다은이의 방에서는 책장에 빽빽하게 꽂힌 책에서 엄마의 마음을 짐작할 수 있었다. 하지만 방이라는 공간은 아이가 현재를 살아가는 공간이다. 미래가 아니라 지금 우리 아이가 좋아하고 필요한 것들로 채우려고 고민해야 한다는 것이다.

물론 학습도 되게 중요하지만 방의 역할이 휴식을 취하고

노진선 디자이너는 아이의 방은 학습도 중요하지만 휴식을 취하며 재충전할 수 있는 공간이어야 한다고 설명한다.

또 가장 중요한 거는 책들이 지금 아이가 볼 수 있는 책이 전혀 아니에요

다은이 방 책장에 있는 책들은 다은이 나이에 맞는 책들이 아니어서 책에 대한 흥미를 떨어뜨릴 수 있다고 한다.

노진선 디자이너는 방에 놓인 책상이 다은이의 연령에 맞지 않는다고 지적했다. 분홍색을 좋아하는 아이를 위해 엄마가 고른 디자인이지만 아이가 앉아서 공부하기엔 너무 낮고 의자도 작다는 것이다. 무엇보다 아이의 방은 다양한 색을 활용해야 하는데 다은이의 방은 분홍색 책상을 제외하면 벽지를 비롯해 전체적으로 차분하고 어른스러운 색으로 꾸며져 있었다.

> 물론 학습도 중요하지만 방에서는 휴식을 취하고 다음을 위한 재충전이 이루어져야 하잖아요. 그런데 다은이의 방은 그런 것들이 하나도 되어 있지 않아요. 선택과 집중이 필요해요. 아이가 충분히 휴식을 취하고 잠을 잘 수 있는 환경을 만들어주어야 해요.

또 하나 중요한 건 다은이의 책장에 꽂힌 책들이 대부분 고학년이 읽는 책들이라는 것이다. 아직 학교에 들어가지도 않은 다은이가 볼 수 있는 책은 아니었다. 주변의 언니 오빠에게 물려받은 책을 언젠가는 읽을 것이라 기대하며 엄마가 꽂아넣은 것이다. 전문가들은 이런 책은 과감히 포기하고 버려야 한다고 조언한다. 아이가 커서 고학년이 됐을 때는 읽고 싶은 책을 스스로 골라서 봐야지, 물려받은 책을 억지로 읽는다면 책에 대한 흥미가 떨어질 수밖에 없다는 것이다.

심리상담에서도 다은이는 심심하고 답답하다는 말을 자꾸 꺼냈

아이들은 그 공간에 들어가기 싫어합니다

아이는 마음에 들지 않는 공간을 자신의 공간이 아니라고 생각하기 때문에 들어가기 싫어한다고 한다.

다. 외동인 다은이는 모든 상황을 부모가 먼저 실행해주기 때문에 혼자 하는 것에 대한 두려움과 공포심이 생길 수 있다는 것이 김동철 박사의 분석이다. 다은이는 자기 방에서 엄마와 노는 것은 괜찮지만 혼자서는 두렵고 답답하게 느낀다. 방이 문제가 아니라 혼자라는 것을 두려움으로 받아들이기 때문이다. 자신의 방인데도 혼자 있지 못하는 이유는 뭘까?

다은이에게는 자신만의 공간이 없어요. 어른들이 이건 너의 공간이라고 만들어준 게 자기 마음에 들지 않았던 거죠. 그럼 아이들은 나의 공간이 아니라고 인식하게 되고 그 공간에 들어가기 싫어하게 됩니다.

김동철 박사는 다은이의 방이 아이의 취향이 아니라 엄마의 선택으로 꾸며진 게 문제라고 지적한다. 따라서 가장 시급한 건 필요 없는 책과 가구를 과감하게 버리고 다은이가 좋아하는 것들로 방을 다시 만들어야 한다는 것이다. 다은이의 방은 작은 편이지만 불필요한 것들을 버리면 다은이의 감성에 맞는 예쁜 침대와 책상을 충분히 들여놓을 수 있다는 것이다.

제주도 여행이 좋은 추억으로 남아 있는 걸 볼 때 다은이는 자연 친화 지능이 높은 아이로, 제주도 사진이나 소품을 활용하는 것도 좋은 방법이라고 했다. 자연의 개방감을 연상시킬 수 있는 벽지나 간접조명을 곁들인다면 긍정적인 기억을 지속시킬 수 있어 두려움을 없애고 심리적인 안정에도 도움이 된다는 설명이다.

전문가들과 대화를 나누면서 엄마 수연 씨는 다은이에게 참 미안하다고 고백했다.

제 나름대로는 다은이를 생각해서 장난감과 책으로 방을 채웠는데, 어쩌면 제 만족이었던 것 같아요. 다은이가 좋아하는 것들로 방을 꾸며줬다면 좋았을 텐데 하는 아쉬움이 좀 생기고요. 그래도 뭐가 문제였는지 이제라도 알게 돼서 다행이라는 생각도 들어요.

다은이네 집도 변화가 시작됐다. 엄마는 과감하게 안방에서 다은이의 침대를 치웠고 아직 읽지 않은 책들을 내다 버렸다. 다은이

가 방에 들어가서 시간 가는 줄 모르고 놀 수 있는 진짜 아이의 공
간을 만들어주고 싶다는 꿈이 이번에는 꼭 이루어지길 엄마는 기도
한다.

우리 아이 방,
어떻게 꾸며야 할까?

● 아이 방은 언제부터?

서양에선 갓난아이 때부터 부모와 따로 자지만 우리나라는 아이와 한방을 쓰는 경
우가 많다. 전문가들은 아이가 만 2세에서 3세가 되면 잠자리 독립이 필요한 시기
라고 권장한다. 많은 부모의 걱정과 달리 이때의 아이들은 부모로부터 분리불안이
사라지고 인지 능력이 향상돼 주변에 대한 호기심도 커지기 시작한다. 자기주장이
강해지는 시기에 아이는 독립된 자신의 공간에 애착을 갖고 상상력과 관찰력을 기
르게 된다. 키가 작은 아이들은 작은 공간에서 아늑함을 느끼기 때문에 벙커 공간이
있는 가구나 인디언 텐트를 활용하되 자유롭게 움직일 수 있도록 바닥은 비워두는
것이 좋다.

● 학습공간이 필요한 시기는?

만 6세부터 11세까지의 아동기는 운동기능과 사회성이 발달하고 학습 습관이 길러
지는 시기다. 물론 여전히 장난감을 좋아하는 나이지만 그림책을 읽으며 논리적인
사고가 가능해지는 때다. 따라서 이때부터 방에 학습공간을 만들어주어야 한다. 책
의 표지가 보이는 전면 책장은 아이들에게 시각적인 자극을 주지만, 잔뜩 책을 꽂아

© Photographee.eu

아이가 만 2세에서 3세가 되면 독립적인 잠자리가 필요한 시기라고 한다. 부모의 걱정과 달리 이 시기가 되면 분리불안이 사라지고 인지 능력이 향상된다고 한다.

두면 그만큼 흥미도 빨리 잃게 된다. 그래서 전면 책장을 사용할 때는 책을 주기적으로 바꿔주는 것이 중요하다.

● 아이가 방을 무서워한다면?

기껏 만들어준 방에 들어가기가 무섭다는 아이들이 의외로 많다. 무엇이 문제일까? 가장 큰 원인은 부모들이 아이들의 취향을 제대로 파악하지 못했기 때문이다. 방이 자기 취향이 아니다 보니 낯설고 무섭게 느껴지는 것이다. 그럴 때는 아이와 끊임없이 대화를 시도하며 아이가 진짜 원하는 취향을 파악해야 한다. 아이가 좋아하는 기억과 확고한 취향을 반영해 방을 꾸미는 것이 정말 아이에게 의미 있는 방을 만들어주는 방법이다.

아이의 행복을 지켜주는 공간 만들기

마당이 있는 집을 꿈꾸던 희람이네 가족은 이사 대신 공간의 변화를 선택했다. 불필요한 것들은 과감하게 걷어내고 아이들의 성향과 기질에 맞춰 만들어가는 공간은 어떤 모습일까? 대대적인 공사가 시작된 지 일주일 만에 희람이네 집을 찾았다.

비록 마당이 넓은 집으로 이사하진 못했지만 가족들의 공간에는 커다란 변화가 찾아왔다. 전문가들이 놀이방이 아니라 창고라고 지적한 공간이 2층 침대와 책상이 놓인 편안한 휴식공간으로 몰라보게 달라졌다.

아이들의 정서에 도움이 되는 천연 재료로 공간을 구성했는데 희람이와 혜람이가 가장 좋아하는 건 역시 2층 침대였다. 오르락내리락 할 수 있는 2층 침대는 작은 방에서도 공간의 변화를 느낄 수

희람이네는 아파트 베란다 공간을 둘째 혜람이의 호기심을 채워줄 놀이방으로 탈바꿈시켰다.

있도록 해주고 감성적인 자극도 선사한다.

잘 쓰이지 않아 죽은 공간으로 평가됐던 발코니 공간이 둘째 혜람이의 호기심을 채워줄 놀이방으로 탈바꿈했다. 온전히 혜람이만의 공간이 생기면서 자매의 따로 또 같이 놀이가 가능해진 것이다. 일곱 살과 네 살 두 아이는 이제 교감하며 함께 놀다가도 자신의 발달 단계에 필요한 놀이가 있을 때는 각자의 시간을 보낼 수 있게 됐다.

엄마는 이 집에 산 지 7년 만에 제대로 공간을 사용하는 것 같다며 웃음 지었다.

예전에는 그냥 애들이 집에서 재미있게 잘 놀면 된다고 생각했어요. 침실에서 애들이랑 책도 읽고, 주방에서 놀아주기도 하고. 그냥 머릿속에서 애들이랑 같이 할 수 있으니까 좋은 거라고 믿었어요. 그런데 이번에 공간을 구분하고 생활하다 보니 집이 이런 곳이었구나 싶더라고요. 침실에 가면 저만의 공간이 생긴 거 같고, 심리적으로도 좀 안정감을 느끼게 됐죠.

그동안 아이들 중심으로 생활했다고 믿었지만 물건 정리부터 일상생활의 대부분이 엄마와 아빠의 눈높이였다는 것도 깨닫게 됐다. 계획적으로 공간을 구분하고, 아이들의 시선에 맞게 눈높이를 낮추니 장난감도 스스로 선택해서 갖고 놀면서 더 창의적인 놀이도 가능해진 것 같단다.

공간이 바뀌니 일상도 달라졌다. 예전에는 씻고 옷 갈아입는 것도 엄마의 손이 필요했지만 따로 자신의 옷을 넣는 공간이 생기자 아이들이 엄마의 손을 거부하기 시작했다는 것이다. 원하는 옷을 스스로 골라서 입는 두 딸 덕분에 엄마는 몸도 마음도 훨씬 홀가분해졌다.

그래서 부부는 또 다른 결심을 했다. 창고처럼 방치된 아빠의 서재를 정리해서 부부가 쉴 수 있는 휴식공간으로 꾸미기로 했다는 것이다. 새로운 공간이 또 어떤 행복을 만들어줄까? 희람이네 가족은 벌써부터 기대가 크다.

엄마의 취향으로 꾸며졌던 다은이 방이 다은이가 좋아하는 공주님 풍으로 화사하게 바뀌었다.

다은이네 집도 큰 변화를 맞이했다. 엄마의 취향으로 꾸며졌던 방이 다은이가 좋아하는 공주님 풍으로 화사하고 눈부시게 달라진 것이다. 더 놀라운 건 방에 혼자 있으면 무섭고 답답하다던 다은이가 벌써 일주일째 방에서 혼자 잠을 자고 있단다.

유치원에 갔다 오면 방에 놓인 인형 하나하나마다 인사를 건네고 그림을 그리며 논다. 다은이가 이렇게 혼자 잘 노는 아이인 줄 엄마는 미처 몰랐다.

이제는 여기서 자기가 즐겁게 놀 수 있다고 생각하는 것 같아요. 엄마를 방으로 부르지도 않고 거실에서 놀지도 않아요. 자기 방에서 다은이 스스로 놀

방이 바뀌면서 다은이는 엄마에게 의존하지 않고 자기 방에서 혼자서도 잘 놀고 잘 웃는 아이가 되었다.

기 시작했어요. 혼자서 인형의 위치를 바꾸기도 하고 숨바꼭질 놀이도 해요. 가끔은 저도 놀라요. 방 하나 바뀌었다고 다은이가 자신감도 더 많이 생기고 예전과 정말 많이 달라졌어요.

다은이는 늘 겁이 많고 소심한 아이라고 생각했는데, 자신이 좋아하는 공간이 생기자 좀 더 용기 있는 아이가 되었다는 것이다. 공간이 아이를 어떻게 변화시키는지 실감하는 순간이었다. 행복은 미래의 목표가 아니라 현재의 선택이다. 다은이가 오늘도 내일도 행복할 수 있도록 엄마는 앞으로 아이의 공간에 대해 더 많이 고민 하겠다고 스스로 약속했다.

아이의 지능을
20% 높이는 집

성장기 아이들은 환경에 민감하게 반응한다. 시신경을 통한 자극과 촉각적인 감각 훈련은 긍정적인 학습 태도를 만들어주는 중요한 요소! 아이들의 발달 과정과 놀이 습관을 파악한 뒤 뇌를 자극할 수 있는 다양한 요소를 건축에 녹여넣는다면 집에서 보내는 시간이 아이들의 지능을 발달시키는 데 도움이 될 수 있다.

대문에서 현관까지 계절마다 달라지는 과일나무를 심고 마당에 난 길에는 다양한 목재와 타일을 이용해 숫자를 그리거나 지그재그로 선을 만들어도 아이들의 흥미를 자극할 수 있다. 만약 어린아이가 있는 집이라면 모래나 흙을 가지고 놀 수 있는 공간과 작은 연못을 만들어두는 것도 도움이 된다.

천장이 높은 공간은 아이들의 창의성을 높이는 요소 중 하나로 손꼽힌다. 창문은 특히 아이들에게 심리적인 소통을 상징하는 중요한 건축 요소다. 창문에 끼워진 유리를 일부 스테인드글라스 창으로 만드는 것도 아이들의 감성을 자극하는 좋은 방법이라고 알려져 있다.

아이들의 지능을 올리고 싶다면 무엇보다 귀찮게 만드는 게 중요하다. 아이 스스로 움직이면서 다양성을 경험하게 하는 것이다. 책상 서랍을 다양한 크기의 모양으로 만들어 아이들 스스로 넣어둘 용품을 정하게 하거나 주방 한쪽에 엄마를 따라 할 수 있는 미니 주방을 만들어주는 것도 즐거운 자극을 아이들에게 선사한다.

작고 안정감 있는 아이만의 비밀공간을 마련해준다면 아이의 놀이에 더 큰 집중력이 생긴다. 비밀공간에 하늘이 보이는 창이 있다면 금상첨화! 이렇게 집은 아이들의 공간 지각 능력을 확장할 수 있는 중요한 공간이기도 하다.

인터뷰 ❷

뇌가 행복해지는 집 짓기

조성행 건축가

집을 짓는 일이 전문인 조성행 건축가가 신경과학에 관심이 깊어진 건 지난 2011년이었다. 당시 뇌과학을 연구하는 카이스트의 정재승 교수가 신경건축학을 소개하며 관심이 있는 사람을 끌어모았는데 놀랍게도 당시 모인 사람의 80%가 건축 관련 전문가들이었다.

뇌를 측정할 수 있는 기계들이 발달하면서 인간의 뇌를 더 자세하게 관찰하게 됐고 이 관찰을 다른 분야에 접목하기 위한 노력이 활발하게 일어났다. 건축도 그중 하나였다. 건축가들은 좋은 공간이 무엇인지에 대한 갈망이 늘 있었는데 신경과학을 근거로 의문을 해소할 수 있는 길이 열린 셈이다.

뇌를 들여다보는 기술이 발달한 거죠. MRI나 휴대용 뇌파 기구를 통해서 사람의 뇌가 어떤 공간에서 어떤 변화를 보이는지 알 수 있게 되었어요. 신경건축학이 활성화될 수 있는 기반이 마련된 겁니다. 머잖은 미래에 몸에 붙이는 신경 패치가 개발되면 내가 어느 공간에서 어떻게 스트레스를 받는지 혹은 몸에 좋은 호르몬이 활발하게 분비되는지 측정할 수 있을 겁니다. 그렇다면 집을 판단하는 데도 도움이 될 수 있다고 생각해요.

자연 풍경이 안정감이 준다는 건 오랜 연구의 결과다. 예컨대 도시 아이들은 바다와 산을 보지 못하니까 이와 관련된 환경을 만들어주는 것이 중요하다는 건 누구나 알고 있다. 그렇다면 시골 아이들은? 매일 만지고 노는 모래와 흙은 이 아이들에게 아무 의미가 없다. 따라서 신경건축학에서는 결핍된 것이 무엇인지 파악해서 제공하는 걸 중요하게 다룬다. 결핍이 채워졌을 때 비로소 아이들은 새로운 자극을 받고 창의력을 키울 수 있기 때문이다.

숲을 바라보는 것이 중요하다는 연구도 발표된 적이 있다. 숲의 모양과 색을 관찰하는 동안 사람의 감정을 조절하는 세로토닌 분비가 활발해진다는 것이다. 가벼운 운동은 스트레스 호르몬인 코르티솔 수치를 줄이는 효과도 있는 것으로 밝혀졌다. 이렇게 지금까지 축적된 신경과학의 연구들은 공간을 설계하는 새로운 요소가 됐다.

성장하는 아이에게는 새로운 자극을 받고 창의력을 키울 수 있는 공간 디자인이 필요하다.

　예를 들어 2층과 3층의 공간을 계단을 통해서 이동하게 한다면 가벼운 운동이 가능하다. 이때 계단을 밝고 재미있는 공간으로 만들어서 그 공간을 많은 사람이 이용할 수 있도록 디자인하는 것이다.

　예전에는 뇌에 의해 행동이 결정된다고 믿었다. 그런데 최근 심리학계에서는 지능이 뇌에 갇힌 것이 아니라 몸 전체의 움직임이나 환경 자극에 연결돼 있다는 이른바 '체화된 인지embodied cognition' 이론이 새롭게 힘을 얻고 있다.

　그렇다면 사람도 동물처럼 머리와 몸을 함께 쓰면 지능이 더 높아질 수도 있지 않을까? 미국 시카고 대학에선 어린이들이 손을 자유롭게 움직이며 시험을 볼 때 수학 문제를 더 잘 푼다는 연구 결과를 발표했다. 발표된 논문에 따르면 손이 자유로운 학생들의 정답률이 1.5배나 더 높았다. 따라서 아이들의 공간을 의도치 않은 행동을 많이 하도록 만들면 뇌가 달라진다는 것이다. 오감을 자극하는 환경에서 다양한 경험이 이루어질 때 아이들은 몸도 마음도 성장하게 된다.

환경이 달라지면 사람의 행동이 달라지고,

행동이 달라지면 생각이 달라져요.

인간이 만들어놓은 변화가 없는 정지된 공간과는

확실히 다르다고 생각해요.

지금의 도시는 너무 한 방향으로만 가고 있고,

자연을 찾아보기 힘들죠.

우리의 본능은 수십만 년 동안 자연에서 진화해왔는데

그 자연이 점점 빠져나가고 빈자리를

미디어가 대체하고 있으니까

그 안에서 채워지지 않는 부분이 있는 거죠.

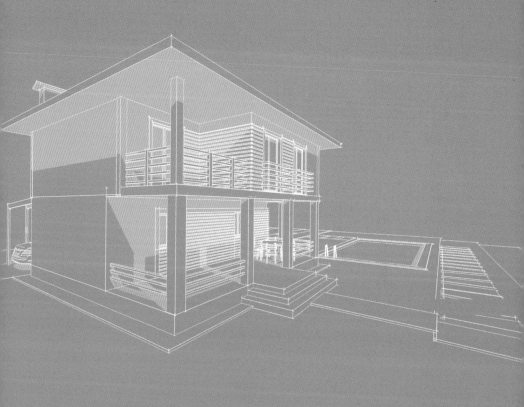

03

공간이 바뀌면 아이의 인생이 달라진다

알고 보면 놀라운 공간의 힘

제주도 작은 마을에 사는 열두 살 소년 이수는 이미 다섯 권의 책 출판 경력을 자랑하는 동화작가다. 자연에서 뛰노는 것을 좋아하고 치타처럼 빨리 달릴 수 있는 다리를 갖는 것이 이수의 꿈이다. 엉뚱한 상상력의 소년은 TV 프로그램 〈영재발굴단〉을 통해 유명해진 '영재'이기도 하다. TV 속 전문가들은 입을 모아 이수의 상상력은 끝이 없고 표현력이 풍부하다고 칭찬을 아끼지 않았다.

이수가 처음 그린 그림은 잠자는 엄마의 손등에 네임펜으로 그린 악어와 사자였다. 장난처럼 끄적거린 그 그림에서 엄마와 아빠는 반짝이는 감성과 상상력을 발견했다. 쑥쑥 커가는 아이들의 감성을 지켜주고 싶은 마음이 인천의 아파트를 떠나 제주도로 이사를 결심하게 된 계기였다. 어딜 가나 비슷하고 제약이 많은 도시 대신

TV 프로그램 〈영재발굴단〉에 출연해 유명세를 타기도 했던 12세 동화작가 전이수

자유로운 환경을 만들어주고 싶었다.

그리고 5년이란 시간이 흘렀다. 자연이 가득한 제주에 와서 이수와 두 동생은 신나는 하루하루를 보냈다. 가장 달라진 건 이수였다. 낯을 가리고 새로운 곳에 가면 주변의 눈치를 살피던 아이가 어딜 가더라도 겁내지 않게 된 것이다. 글을 쓰기 시작한 것도 제주도에서 살면서 생긴 변화다.

때로는 변해가는 제주의 모습이 안타까워서 대통령에게 편지를 쓰기도 했다. 자연은 자신과 동생이 노는 놀이터인데 대통령 할아버지가 다른 것보다 자연을 먼저 지켜주면 좋겠다는 내용이었다. 당돌한 꼬마에게 문재인 대통령도 화답했다. 제주의 자연을 보호하

SBS스페셜

김나윤(44세)
동화작가 전이수 엄마

매일 엄마한테 '엄마 이것 봐! 이것 봐!'

이수 엄마는 인천에서 제주도로 이사 와 자연 속에 살면서 아이들이 많이 달라졌다고 한다.

기 위해 노력하겠으며 전이수 작가를 응원하겠다는 친필 답장을 보내온 것이다. 자연에서 성장하는 모습을 보며 엄마 나윤 씨는 공간의 힘을 실감할 수 있었다.

인천에서 살 때는 아이들이 집 밖에 나가서 놀 수 있는 공간이 한정적이었어요. 차가 바로 앞으로 계속 다니니까, 언젠가는 이수가 자전거를 타고 가는데 공사 중인 현장에서 벽돌이 떨어져 자전거 바구니가 부서진 적이 있대요. 저는 몰랐는데 제주도에 와서 이수한테 처음 그 얘기를 들었어요. 아이들끼리 놀러 나가면 늘 걱정되고 불안했죠. 그런데 제주도에 이사 온 뒤엔 달라졌어요. 마음이 편해요. 아이들도 말이 많아졌어요. "엄마, 이것 봐! 오늘은 이런 것을 찾았는데? 엄마, 어딘가에 새로운 길이 보이던데 같이 가보자."
그럼 우리 다 같이 거기로 나서는 거예요. 그럼 거기에서 또 다른 놀이가 만
들어지고 그 놀이 안에서 아이는 성장하게 되죠.

그림을 그리고 동화를 쓰면서 영재로 주목받았지만 이수네 부
모가 따로 글이나 그림을 교육한 적은 없다. 다만 어디서든 그림 그
리는 아들을 말리지 않는 것으로 교육을 대신했다. 집 담벼락과 자
동차에 그림을 그려도 잔소리를 하거나 혼내는 법이 없었다. 때로
는 신나게 놀도록 내버려두는 일이 아이의 재능을 지키는 길이라고
믿었기 때문이다.

이수가 초등학교 3학년이 되던 해, 학교를 그만두고 싶다고 했
을 때도 엄마와 아빠는 수긍하고 받아들였다. 기존에 정해진 교과
과정에 따라 정해진 시간만큼 공부해야 하는 상황이 어린 이수는
참 싫었다고 했다. 하고 싶은 게 너무 많은데 억지로 학교에 매여
있어야 하는 시간이 너무 아깝다는 것이다. 당장 배우고 싶은 것은
교과서에 없고 가족과 더 오래 시간을 보내고 싶은 마음이 학교보
다 더 중요했다.

그때부터 동생과 집에서 공부했다. 어디까지 놀이고 어디까지
수업인지 종종 구분하기 힘들었지만 모든 순간이 이수에겐 배움의
시간이었다. 집에서는 가족에게 배우고, 산책하다 마주친 아저씨와
동생의 대화에서 배우고, 아침에 인사 나누는 꽃과 기어 다니는 작

이수 엄마는 아이가 집 담벼락이나 자동차에 그림을 그려도 잔소리를 하거나 혼내는 법이 없다.

영재발굴단 4회 출연한
12세 동화작가 '전이수'

아이를 믿고 신나게 놀도록 내버려두자 아이는 자연 속에서 스스로 공부하고 노는 법을 익혀나갔다.

은 벌레에게서 배운다.

도시에서는 상상할 수 없는 놀이도 제주도에서는 자유롭게 할수 있었다. 눈이 내리면 마당에서 눈썰매를 타고, 비가 내리면 온몸으로 빗방울을 맞으며 물놀이를 만끽한다. 아파트에 살 때는 창문밖으로 바라만 보던 풍경 속에 뛰어들어 놀게 된 것이다. 이렇게 호기심과 상상력을 마음껏 채워나간 시간은 이수의 예술적인 감성을꽃 피울 수 있는 힘이었다.

> 아이들의 호기심은 끝이 없는데 어쩌면 부모가 그걸 다 제한하는 건 아닐까 고민을 많이 했어요. 제가 애들에게 해줄 수 있는 건 마음껏 구르고 뛰고 놀 환경을 만들어주는 것, 그거 하나라고 생각했어요. 제주도에 이사 와서 이수가 누구보다도 자유로운 아이가 된 것 같아요. 더 많이 풍성해졌어요. 감성도 그렇고, 자기가 하는 일도 그렇고. 자기만의 색깔을 만들고 자기만의 그림을 그리고 글을 쓰는 아이가 됐어요.

물론 도시에서 살 때도 아이의 재능이 보이지 않았던 건 아니다. 하지만 어릴 적 살던 인천은 공장에서 매연이 나오는 모습으로이수의 머릿속에 남아 있다. 이수가 재능과 감성을 마음껏 발산하며, 많은 이들에게 동화작가로 감동을 줄 수 있게 된 건 자연 가까이에 터를 잡고 살게 되면서부터였다.

제주도 우리 집을 표현한 이수의 그림과 글(아래)

🏠 우리 집 1

우리 집은 가장 소중한 것들이 들어 있는 자그마한 멋진 상자라고 생각한다. 우리 집은 여러 가지로 변신한다. 어떨 때는 놀이동산으로 바뀌고, 어떤 때는 기숙사로도 바뀌고 공방, 카페, 넓은 들판… 생각하면 뭐든지 될 수 있다. 세상에서 가장 소중한 곳, 가장 좋아하고 정말로 힘들 때 찾게 되는 곳, 의지할 수 있는 곳, 나에게 가장 소중한 존재들이 살고 있고, 힘들 때 마음 편하게 쉴 수 있는 곳.

어떠한 비밀도 걱정 없이 이야기 나누고, 함께 울고 함께 웃을 수 있는 곳. 나는 우리 집을 사랑한다.

제주도 우리 집을 표현한 이수의 그림과 글(아래)

🏠 우리 집 2

우리 집은 내가 뭐든 할 수 있는 편안한 곳이다. 기타도 치고, 그림도 그리고, 지붕에 올라가 글도 쓰고, 축구도 하고, 철봉에 4분이나 매달린다. 자전거 타고 동네 한 바퀴 돌고 돌아와 목공으로 의자도 만들고, 의자를 딛고 올라가 감도 따 먹는다. 아침 해가 달로 변할 때까지 수많은 별들을 바라보며 엄마랑 차 마시며 도란도란 이야기를 나누다가 잠이 든다. 어젯밤엔 불을 끄고 자려고 누웠는데 반딧불이가 한 마리 들어와 우리의 별이 되어주었다. 나의 하루 시간은 늘 이렇게 행복하다.

(자연은) 인간이 만들어 놓은 변화가 없는
정지된 공간과는 확실히 다르다고 생각해요

유현준 교수는 자연은 인간이 만들어놓은 변화가 없는 공간과는 확실히 다르다고 말한다.

도시에서는 겁이 많고 낯선 것들을 두려워하던 아이가 세상이 주목하는 동화작가가 될 수 있었던 힘이 정말 공간에서 나온 걸까? 건축을 가르치는 유현준 교수는 공간이 달라지면 사람들의 삶도 달라진다고 설명한다.

환경이 달라지면 사람의 행동이 달라지고, 행동이 달라지면 생각이 달라져요. 인간이 만들어놓은 변화가 없는 정지된 공간과는 확실히 다르다고 생각해요. 지금의 도시는 너무 한 방향으로만 가고 있고, 자연을 찾아보기 힘들죠. 우리의 본능은 수십만 년 동안 자연에서 진화해왔는데 그 자연이 점점 빠져나가고 빈자리를 미디어가 대체하고 있으니까 그 안에서 채워지지 않는 부분이 있는 거죠. 도시에선 다양한 공간에 대한 탐험과 경험이 상대적으로 좀 부족하다는 생각이 들어요.

도시와 자연을 이분법적으로 나누어 생각할 문제는 아니라는 것이다. 다만 점점 획일화되어 가는 도시의 풍경이 아이들의 상상력까지 가로막을 수 있다는 걱정이다.

환경의 변화는
왜 중요한가?

부모라면 누구나 자신의 아이가 좋은 환경에서 자라기를 소망한다. 하지만 어떤 환경이 아이를 위한 좋은 환경인지 물어보면 쉽게 대답하지 못할 때가 많다. 사람들 대부분은 자신이 속한 주변의 환경이 달라질 때 변화를 결심하곤 한다. 새해를 맞이하며 또는 새 학년이 시작될 때, 새집으로 이사 갈 때 새롭게 마음을 다지는 것이다. '깨진 유리창의 법칙'은 주변 환경이 사람에게 미치는 영향을 설명하는 대표적인 이론이다. 길거리에 유리창이 깨진 자동차를 세워두었더니 지나가는 사람들이 차 안에 쓰레기를 버리거나 문을 파손하고 차 안의 물건들을 훔쳐서 결국 폐차가 되어 버린다는 것이다. 무심히 지나칠 수 있는 주위의 사소한 요인이 사회에 많은 영향을 미칠 수 있다는 것을 깨진 유리창을 통해 설명하는 이론이다.

깨진 유리창의 법칙을 반대로 이용하면 긍정적인 효과를 끌어내기도 한다. 자신이 속한 환경에 조금이라도 신경을 쓰고 관심을 가지면 사소한 변화일지라도 그 공간을 사용하는 사람들에게 커다란 영향을 미칠 수 있기 때문이다.

아이의 성장에 맞춰 환경도 변화를 줘야 한다. 아이의 나이에 맞지 않는 가구와 장난감들은 과감히 이별하는 것도 좋다.

아이를 키우는 부모라면 달라진 환경이 만들어내는 변화에 주목해야 한다. 유아 청소년기는 인간의 발달 단계 중 가장 활발하게 성장이 이루어지는 시기이므로 자라나는 아이의 호기심을 끊임없이 자극하고 새로운 동기를 부여하는 환경을 만들기 위해 노력해야 한다.

하지만 안타깝게도 아이의 성장에 맞춰 환경을 변화하도록 시도하지 못하는 경우도 많다. 아이가 초등학생이 되었다면 책장에 여전히 유아 때 읽던 그림책이 꽂혀 있는지 살펴야 한다. 성장하는 아이의 몸과 마음에 어울리지 않는 어린이 가구와 과감하게 이별을 고하는 건 어떨까?

물론 너무 자주 즉흥적인 변화를 주는 건 오히려 혼란을 불러올 수도 있다. 아이는 자신의 공간에서 생활하며 부모가 모르는 사이 나름의 규칙을 만들고 좋아하는 것과 그렇지 않은 것을 명확하게 구분하는 법을 배우기 때문이다. 중요한 것은 어떤 환경이든 그 속에서 아이가 자발적으로 변화와 발전을 느끼고 실행할 수 있는 곳이어야 한다는 것을 기억해야 한다.

영재를 키우는 마법, 공간의 힘

여덟 살 윤하를 사람들은 꼬마과학자라고 부른다. 어릴 때부터 움직이는 모든 것의 과학적인 원리가 궁금했던 윤하는 직접 가전제품을 분해하고 실험하는 걸 좋아했다. 과학 교육 전문가들의 분석에 의하면 고등학생 수준의 높은 물리 지식을 가진 것으로 확인됐을 정도. 최신 가전제품을 마치 장난감처럼 줄줄 꿰는 것은 기본이고 선풍기, 스피커처럼 각종 전자제품을 직접 분해해 안을 들여다보는 통에 방 안에는 장난감 대신 공구가 가득하다.

서너 살 되던 해에는 물을 관찰하겠다며 하루에도 몇 시간씩 부엌 싱크대 앞에서 물을 틀어놓고 시간을 보냈다. 물이 사방으로 튀고 흘러내리는 바람에 부엌이 마를 날 없었고 결국 싱크대 아래 마루가 전부 썩어버린 건 두 번째 문제였다. 또래들이 유치원에 가

꼬마과학자로 불리는 윤하는 각종 가전제품을 분해해 구조를 살피고 실험하는 것을 좋아한다.

고 영어도 배우는 모습을 보면서 엄마 연진 씨는 살짝 조바심이 났다고 고백했다. 윤하에게 물장난은 재미가 아니라 궁금한 게 많아서라는 걸 알려준 사람은 아빠였다.

처음엔 장난인 줄 알고 말리다가 지쳐서 놔뒀더니 수도꼭지에 파이프를 비롯해 별의별 물건을 다 끼워보는 거예요. 아마 물이 나오는 모양이 달라지는 걸 보고 싶었나 봐요. 제 눈에는 그냥 물장난인데 그걸 한 시간이고 두 시간이고 하더라고요. 그런데 남편이 그냥 두라고 했어요. 아이가 궁금하니까 하는 거라고, 단순히 재밌어서 그러는 거라면 저렇게 몇 시간씩 붙어 있지 못한다고요.

SBS

새로운 주거 환경에서
집중력과 탐구력이 크게 향상한 윤하

번잡한 도시를 벗어나 새로운 주거환경으로 이사하자 윤하의 집중력과 탐구력이 더 좋아졌다.

그렇게 오랜 시간 물이 흐르는 모양과 수압을 관찰한 덕분일
까? 지금 윤하는 유체의 속성에 관해서는 책만 봐도 완벽하게 이해
하는 척척박사가 됐다. 어른들의 눈에는 단순한 물장난이라 여겼던
그 시간이 물과 씨름하며 스스로 물리와 역학 등 수많은 자연법칙
을 깨우친 배움의 과정이었다는 것이다. 물에 대한 이해가 깊어진
후에는 자연히 수력발전에서 에너지로 관심이 이어졌고 실험 과정
역시 전기와 가전제품으로 발전했다.

엄마와 아빠는 윤하만의 놀이를 간섭하지 않았다. 살림살이가
망가지는 일이 다반사였지만 아이를 탓하는 대신 가구를 줄였다.
위험하다고 전자제품을 분해하지 못하도록 하는 대신, 코드를 뽑고

깨끗하게 닦아서 안전하게 놀 수 있도록 했다. 작은 드라이버를 들고 다니며 온 집 안의 살림을 분해하는 윤하 때문에 가전제품이 남아나질 않았다.

하루에도 궁금한 게 100개가 넘을 정도로 호기심이 많은 윤하에게 엄마와 아빠는 답을 알려주지 않는다. 대신 아이가 스스로 답을 찾을 수 있도록 도와줄 뿐이다. 스마트폰으로 유튜브를 보는 것보다 미니 선풍기를 분해하는 것이 더 즐거운 아이. 수십 대의 선풍기를 야무지게 분해하고 그 원리를 줄줄 읊는 모습이 방송에 소개되자 윤하는 과학 영재로 전국적인 화제를 모았다. 당시 나이가 다섯 살, 윤하네 엄마가 도시를 떠날 결심을 한 것도 바로 그때였다.

이 학원이 좋다더라 하면 저도 초보 엄마니까 흔들리죠. 그런 무수히 많은 정보 속에서 정말 좋은 게 뭔지, 어떤 게 맞는 방향인지 모르겠더라고요. 그렇다면 우리가 귀 기울여야 할 건 아이의 목소리가 아닐까 그런 생각이 들었어요. 윤하를 가만 보고 있으니까 집중력이나 자기가 가지고 있던 흥미가 금세 사라지더라고요. 좀 더 조용하고 가족이 중심이 돼서 씩씩하게 살아볼 수 있는 곳을 찾아야겠다고 생각했죠.

당시 윤하는 놀면서도 집중하지 못하는 모습을 종종 보여 엄마는 걱정이 많았단다. 그리고 아이의 주변을 다시 둘러보기 시작했다. 집을 나서면 쇼핑몰이 바로 보이고 쏟아져 나오는 새로운 장난감과 물건들이 시선을 사로잡았다. 온통 반짝이는 도시의 화려함이 아이에겐 강한 자극이 되는 것 같아 더 고민이었다.

무엇보다 도시의 속도는 너무 빨랐다. 가야 할 곳도 많고, 봐야 할 것도 많아서 때로는 숨이 막힐 것 같은 답답함이 밀려오기도 했다. 넘치는 정보의 홍수 속에 가족들의 생활까지 휩쓸리는 것 같아 불안한 마음도 컸다. 그때부터 엄마 연진 씨는 너무나도 당연했던 아파트 생활에 대해 다시 생각하기 시작했다.

저도 남편도 항상 아파트에서 살았거든요. 아파트에서 아이 키우는 걸 당연하게 생각했던 적도 있는데 층간 소음 때문에 아이가 놀기에는 제약이 좀 많더라고요. 그리고 무엇보다 아파트 단지가 너무 크다 보니까 이사를 오거나 떠나는 사람이 정말 많더라고요. 그래서 친구가 생길 것 같다가도 떠나고, 또 새로운 친구가 이사 오고 이러면서 마음 붙일 데가 의외로 안 생기더라고요.

아파트를 낮잡아 부를 때 보통 성냥갑이라 부른다. 1년 365일 변하지 않는 아파트의 풍경이 아이들의 뇌세포에도 좋은 자극이 될 리는 없다. 남들이 모두 부러워하는 서울 중심의 값비싼 아파트였지만 윤하네 엄마는 이사를 결심했다.

그렇게 3년 전 윤하네 가족은 아파트를 떠나 지금 사는 경기도 소도시의 타운하우스에 자리를 잡았다. 더 깊은 산골이나 전원주택

반짝이는 게 아이 눈에 많이 보였을 거 같아요

도시의 화려함이 아이에게 너무 강한 자극이 될 것 같아 윤하 엄마는 고민이었다.

도 고민했지만, 아무래도 아파트에서만 살던 부부에겐 너무 낯선 환경은 적응하기 쉽지 않을 것 같았다. 게다가 과학박물관에 가는 것을 좋아하고, 가전제품 구경하는 게 취미인 윤하 때문에 도시와 멀리 떨어진 시골은 선택하기 힘들었다. 도시의 아파트와 전원의 주택 중간 지점에서 고민하다가 찾은 곳이 바로 지금 사는 타운하우스였다.

공동주택이라는 점에서는 아파트와 닮았지만, 다른 점이 더 많았다. 우선 동이 많지 않고 4층 건물이라 세대 수가 적다 보니 조용하고 유동인구도 적다. 들고나는 사람이 적고 이웃들도 오래 터를 잡고 사는 가족들이 많아 윤하가 친구들과 안정적인 관계를 유지하는 데도 도움이 됐다.

일부러 1층을 고른 건 공용으로 사용하는 마당을 좀 더 자유롭게 이용하겠다는 계산이었다. 마당에 무화과나무를 심었고 얼마 전엔 토마토를 수확해서 이웃과 나누기도 했다. 도시에서의 생활은 변화가 빠르고 번잡했지만 새로운 집에선 하루가 느릿느릿 흘러갔다. 일상의 속도가 달라지니 아이의 새로운 모습도 발견할 수 있었다.

윤하가 차분하게 책을 읽는 모습은 예전에 살던 아파트에서는 좀처럼 보기 힘든 풍경이었다.

이렇게 앉아서 책을 읽고 자기 생각을 정리하고, 뭔가 연구를 해서 적어나가는 습관이 여기에 이사 와서 생긴 거예요. 육아 선배들이 결국 교육 때문에 도시로 나오게 될 거라는 말씀을 많이 해주셨는데 아직은 아쉬운 줄 모르겠어요. 배우는 것도 중요하지만 자기가 가진 것을 펼쳐 보이는 것도 이 시기에는 굉장히 중요하다는 생각이 들어요. 어느 정도 자기 것이 쌓이면 그 위에 배움을 쌓는 것도 나쁘지 않을 것 같아요. 지금의 삶의 속도가 저는 굉장히 만족스러워요.

물론 새로운 집에서의 생활이 불편할 때도 많다. 대중교통이 잘 갖춰지지 않아 버스가 잘 다니지 않는 건 도시에선 생각지도 못한 문제였다. 한 대 있는 자동차는 윤하네 아빠가 출근할 때 사용하고, 대신 윤하와 엄마는 학교까지 천천히 걷거나 동네를 산책할 때 자

윤하 엄마는 아이와 함께 마당을 자유롭게 쓰기 위해 일부러 공동주택의 1층을 선택했다.

공동주택 마당에 토마토, 가지, 고추 등을 심어 아이가 직접 수확하기도 한다.

공간이 바뀌면 아이의 인생이 달라진다

SBS 스타일 SBS

이연진 (36세)
윤하 엄마

🛋 환경이 바뀌었을 뿐이고, 공간이 아이한테 좀 더 편하게 바뀌었을 뿐인데 👑

윤하 엄마는 한적한 곳에서 느릿한 삶을 살게 되자 아이가 집중하는 시간이 늘었다고 한다.

전거를 타기도 한다. 조금 더 천천히 가게 됐지만 대신 더 많은 걸
볼 수 있었다.

　윤하는 다섯 살 때까지 살았던 아파트를 어떻게 기억하고 있을
까? 제작진은 윤하에게 예전에 살던 집을 그려달라고 부탁했다. 네
모난 건물을 그리고 호수를 적은 뒤엔 쇠창살까지 그려진 그림. 걷
는 것도 조심스러웠던 아파트 생활은 어린 기억에도 답답함으로 남
아 있는 듯 보였다.

　도시에 살 때 윤하는 산만한 아이였다고 엄마는 떠올렸다. 하지
만 마당이 있는 집에서 한적하게 살면서 엄마는 비로소 당시의 윤
하를 이해할 수 있게 됐다. 도시의 속도에 아이가 적응하지 못했다

는 것을. 집을 옮겼을 뿐인데 아이의 행동과 생각이 달라졌고 스스로 관심과 놀이를 찾아 나설 줄 알게 됐다.

서울에서도 중심에 있었던 아파트는 이것저것 관심 둘 것도 많았지만 한적한 지금의 집에선 다소 조용하고 심심한 시간을 보낼 때가 많다. 번잡한 도시의 속도에서 벗어나 느릿한 삶을 살아가게 된 것이 아이가 달라진 가장 큰 이유라고 엄마 연진 씨는 생각한다. 아이가 스스로 좋아하는 것을 찾아야 했고 덕분에 집중하는 시간이 더 늘었다는 것이다. 새로운 주거환경 덕분에 아이의 탐구력이 더 크게 향상되었다는 설명이다.

사실은 아이 문제가 아니라 환경 탓이었다는 생각이 뒤늦게 들었어요. 아이의 성격이 자기가 살아가는 환경을 닮아간다는 느낌을 받을 때가 많아요. 어른들은 이미 살면서 기초가 확립됐지만 아이들은 백지 같은 상태잖아요. 복잡하고 빠른 곳에 있을 때보다 여기 와서 조금 더 차분하고, 온화하고, 잘 견디는 아이가 된 것 같아서 부모로서 굉장히 뿌듯합니다.

달라진 건 윤하만이 아니었다. 윤하를 대하는 엄마의 태도에도 큰 변화가 있었다. 예전에는 인터넷이나 책에서 본 놀이를 해주려고 다짜고짜 애를 쓸 때가 많았다. 놀이법에 관련된 육아서적은 학습적인 내용을 담고 있었고 아이의 반응까지 예측해서 설명해주는 경우가 많았다. 그런데 힘들게 준비한 놀이에서 윤하가 기대한 반응을 보이지 않으면 엄마는 그때부터 조바심을 내고 아이를 다그쳤다. 윤하에게 즐거울 리 없는 놀이 시간은 덩달아 엄마에게도 힘든 시간이었다. 다른 아이와 엄마의 기준에서 제시한 놀이니 어쩌면 당연한 결과였을지도 모른다. 놀이는 엄마가 주도하는 학습이 아니라 아이가 즐거운 것을 스스로 선택하는 것임을 그때는 미처 알지 못했다.

하지만 삶의 속도가 달라지면서 그제야 엄마는 놀이의 본질을 깨닫게 되었다. 수많은 육아 정보를 공부하는 대신 엄마는 아이가 무엇을 선택하는지 지켜보는 여유를 터득했다. 또래들과 달리 장난감이나 교구들에 별로 흥미를 느끼지 않는 윤하가 좋아하는 것을 더 많이 하게 해주자는 쪽으로 생각이 바뀐 것이다.

윤하가 선풍기 수리공 놀이가 하고 싶다고 하면 동네에 버려진 폐가전을 함께 찾아 나서거나 고장난 선풍기를 찾으러 고물상에 함께 가주는 것만으로도 충분했다. 스스로 찾아낸 놀이에는 특별한 준비물이나 규칙이 없으니 모든 과정이 아이에게는 흥미로운 도전이자 실험이 됐다. 게다가 윤하가 선택한 놀이니 윤하가 하는 게 곧 놀이의 모범 답안이 되는 셈이었다. 자기가 좋아하는 것, 궁금한 것들을 직접 찾아내며 즐거워하는 윤하의 모습에 엄마도 마음이 훨씬 가뿐해졌다.

윤하가 관심을 보이는 분야를 더욱 깊이 탐구할 수 있도록 관련 책을 고르고 집에서 할 수 있는 간단한 실험들을 함께 해보는

좀 더 깊이 파고들고 집중할 수 있는 여건이 된 거 같아요

환경이 바뀌면서 윤하는 자기가 좋아하고 궁금해하는 것을 관찰하고 실험하면서 즐거워한다.

것만으로도 충분히 훌륭한 교육이고 놀이였다. 도시 친구들처럼 학원에 다니는 대신 윤하는 부엌에서 실험하는 시간을 즐긴다. 다섯 살 때부터 부엌은 가장 즐거운 놀이터였지만 사실 처음에는 고난의 과정도 거쳐야 했다.

쌀을 씻어보라고 건네면 부엌 바닥에 쌀이 바다를 이뤘고 설거지에 도전하는 날은 홍수를 겪어야 했다. 물론 뒷수습은 몽땅 엄마 연진 씨의 몫이었다. 하지만 아이는 조금씩 주방에서 요령을 터득했고 엄마와 당근을 썰면서 단면을 관찰하는 여유도 갖게 됐다. 늘 궁금해하던 압력밥솥에 밥을 지어보고 삶은 달걀과 날달걀을 제자리에서 굴려 관성을 비교하기도 했다. 계량컵으로 양이나 부피를 측정하고 저울로 밀도의 차이를 알아내는 건 엄마도 몰랐던 생활 속 과학이었다. 학창시절 어렵기만 했던 과학 법칙들이 윤하와 부엌에서 간단한 실험을 하고 나면 억지로 외우지 않아도 머릿속에 쏙쏙 들어오는 경험도 신기하기만 했다.

덕분에 윤하는 살림꾼이 다 됐단다. 일주일에 두세 번은 다른 일을 하는 엄마를 도와 압력밥솥에 밥을 짓고, 세탁기도 곧잘 돌린다. 부엌에서 좋아하는 과학을 배울 수 있으니 신이 나서 뭐든 열심이다.

아파트에 살 때는 지금 사는 집보다 더 큰 집이었지만 활용할 공간이 별로 없었어요. 집 밖에 뭐가 너무 많으니까 이것도 해야 하고 저것도 해야 하고 바빴거든요. 집에서 진득하게 뭘 할 수가 없고 집중력이 흐트러지기 일쑤였죠. 그런데 이곳에선 모든 공간에서 아이가 뛰어놀 수 있고 원할 때는 차분하게 책을 읽고 실험에도 집중할 수 있어요.

윤하는 사물을 주의 깊게 관찰하고 만져보고 엄마와 이야기 나누는 걸 좋아한다. IQ 검사 중 가장 권위가 높다고 알려진 웩슬러 지능검사 결과, 윤하는 공간 지각 및 언어 인지 능력이 상위 0.1%에 속한 것으로 확인됐다. 평소 주의 깊은 관찰력과 실험을 좋아하는 성격이 결과에 큰 영향을 미쳤다는 것이 당시 검사를 담당한 전문가의 의견이었다. 일상에서 갖게 되는 호기심과 놀라움에서 발전

제 말 백 마디보다 힘이 더 센 거 같아요, 환경이

아이의 긍정적인 변화를 보면서 윤하 엄마는 백 마디 말보다 환경의 힘이 더 센 것 같다고 말한다.

하는 학문으로, 윤하의 과학적 관심이 성장한 것이다. 이렇게 공간의 변화는 윤하의 과학적 재능이 무한대로 확장할 수 있는 디딤돌이 되어주었다.

작은 텃밭을 꾸리고 집안일을 함께 하는 동안 엄마 연진 씨는 아이에게 세상을 바라보는 마음가짐을 알려주려 노력하는 중이다. 조금은 느린 삶 속에서 비로소 아이는 자신의 재능에 집중할 수 있었고 차근차근 자신의 꿈을 키워나갈 힘을 배우고 있다.

공간이 바뀌면 아이의 인생이 달라진다

145

윤하 엄마의 선택,
타운하우스가 뭐지?

여러 가구가 모여 정원과 담을 공유하는 형태로, 원래 영국 귀족들이 도시에 거주하기 위해 지은 집을 뜻하는 말이었다. 시골에 넓은 영토를 소유한 영국의 귀족들은 의회의 회기 동안에는 런던에서 살기를 희망했고 공간 제약이 심한 대도시에서 벽을 공유하는 형식의 집을 지은 데서 유래했다.

미국의 경우 식민지 시대에 최초로 타운하우스가 등장했는데 주로 부유한 사람들이 사는 지역에 지어졌다. 잔디 관리라든지 수영장 등 시설 관리가 간편하면서도 개인의 사생활을 보호할 수 있어 오늘날에도 인기가 사그라지지 않는 주거형태라 할 수 있다.

한국에서는 커뮤니티 시설을 갖춘 고급 연립주택 단지나 단독주택 단지를 일컫는 용어로 사용되고 있다. 여유로운 전원생활과 공동주택의 편리함을 동시에 누릴 수 있는 것이 장점으로 떠오르면서 최근 주목받는 주거형태 중 하나다. 특히 주택 전문가들은 10년 후 아파트의 대항마가 될 주거유형으로 공동주택이면서도 인구밀도가 낮은 타운하우스를 손꼽기도 했다.

타운하우스가 우리나라에 처음 등장한 2000년대 초에는 값비싼 고급 주택이란 인식 때문에 일반인이 접근하기 쉽지 않았다. 불필요하게 넓은 면적에 상대적으로 가구 수가 적어 집값도 비싸고 관리비 부담도 만만치 않았다. 그래서 한때 반짝 관심을 끌었던 적도 있지만 2008년 글로벌 금융 위기를 겪으면서 점점 사람들의 관심에서 사라지기도 했다.

그런데 최근 초기의 단점을 해결한 타운하우스가 속속 등장하면서 새롭게 주목을 받고 있다. 실용적인 면적으로 집값을 현실적으로 낮춘 데다 입지 조건도 자연의 풍

자연 풍광을 즐기면서 좀 더 여유로운 삶을 살고
자 하는 수요가 증가하면서 타운하우스가 새롭게
주목을 받고 있다.

광에 도심의 편리함까지 두루 느낄 수 있는 도시 외곽으로 집중되며 좋아졌다. 체육
관과 야외 수영장까지 대형 아파트 단지 못지않은 커뮤니티 시설을 갖춘 고급 타운
하우스도 아이를 키우는 학부모들에게 큰 관심을 끌고 있다. 단독주택의 경우 보안
에 대한 고민도 있지만 공동주택인 만큼 보안 수준이 비교적 높다는 것도 타운하우
스의 인기 요인이다.

다만 아이와 함께 거주하기 위해선 주의해야 할 사항도 꼼꼼하게 따져봐야 한다. 우
선 교육이나 의료 시설 등 주변의 기반 시설을 잘 살펴야 한다. 또 아파트와 비교했
을 때 매매가 빨리 이루어지지 않기 때문에 투자를 생각한다면 더 신중하게 선택해
야 한다는 것이다.

아파트를 떠나도 문제는 계속된다

아홉 살 윤슬이네 가족이 남해로 이사 온 건 3년 전이다. 부모님이 운영하시는 다이어리 생산공장에서 사무직으로 일하던 아빠 동현 씨와 엄마 남경 씨는 결혼식을 올린 후 대구의 아파트에서 신혼살림을 차렸다. 큰딸 윤슬이가 여섯 살이 될 때까지 계속 같은 집에서 살았는데 엄마는 당시 하루하루가 전쟁 같았다고 긴 한숨을 쉬었다.

시부모님이 살던 곳이라서 선택의 여지 없이 아파트에서 살았어요. 그런데 층간 소음으로 아랫집과 마찰이 심했어요. 매일 전화하고 찾아오셨죠. 자려고 누우면 종일 아이들에게 "뛰지 마! 발꿈치 들고 걸어!" 이 두 마디밖에 안 한 것 같아서 너무 미안했어요. 한참 뛰어놀아야 할 나이인데 애들도 얼마나

윤슬이는 시력이 좋지 않아 가급적 시야가 넓은 공간에서 지내려고 도시를 떠나 남해로 이사했다.

힘들었겠어요. 저는 저대로 낮에는 스트레스를 많이 받았고 밤에는 죄책감으로 밤잠을 설칠 만큼 괴로웠어요. 주택에서 살면 좋겠다고 막연하게 상상만 하다가 제가 일방적으로 남편을 설득하기 시작했어요.

엄마가 주택에서 살고 싶다는 꿈을 현실로 바꾼 건 큰딸 윤슬이에 대한 걱정 때문이었다. 윤슬이는 태어나면서부터 눈이 좋지 않았다. 양쪽 시력이 –10디옵터인 아이를 위해 담당 의사는 집 안이나 도시처럼 주변이 막혀 있는 곳보다 가급적 시야가 넓게 확보된 공간에서 지내는 게 도움이 된다고 권유했다. 마음이 급해진 엄마는 아이와 함께 친정어머니가 살던 경남 거창의 시골집에 가서

윤슬이 아빠는 오랜 시간 고민한 끝에 남해에서 펜션사업을 하기로 결정했다고 한다.

몇 달 동안 생활했다.

유치원생이 전체 6명에 불과할 만큼 작은 마을이었는데 처음에는 적응하기 쉽지 않았다. 바닥에 기어 다니는 지네와 쥐를 보고 기겁한 적도 있고 마트나 병원이 너무 멀어서 불편할 때가 많았다. 하지만 자연에서 구르며 노는 윤슬이를 보면서 엄마는 잊고 있던 어린 시절의 기억이 떠오르기 시작했다. 남경 씨가 윤슬이 나이였을 때는 주말마다 할머니 집에 놀러 갔었다. 아궁이에 불을 피우고 염소에게 풀을 먹이면서 뛰어놀던 경험이 30년이 지난 지금까지도 행복한 추억으로 남아 있었다. 윤슬이도 어린 시절의 기억이 행복으로 남아 있길 바라는 마음에 엄마는 덜컥 귀촌을 결심했다.

시골로 떠나자는 이야기를 처음 들었을 때 아빠 동현 씨는 크게 당황했다. 한 번도 도시를 떠나 살겠다는 생각을 해본 적이 없었다. 때로는 윤슬이 얼굴을 나흘이나 보지 못할 만큼 바빴지만, 그래도 부모님이 운영하시는 공장에서 일하며 안정적으로 생활하고 있었기 때문이다. 시골로 내려가면 당장 뭘 먹고 살아야 하나 생계도 막막하기만 했다. 엄마 남경 씨는 망설이는 남편을 적극적으로 설득했다. 부부는 결국 아이들의 행복을 위해 도시를 떠나 바다가 있는 지역으로 내려가 살자는 결정을 내렸다.

> 전국에 바다가 있는 곳이라면 다 돌아다닌 것 같아요. 강릉, 속초, 포항, 제주도까지 다 다녔는데 남해가 제일 마음에 들었어요. 제가 운전하면서 혼자 매물을 알아보고 다녔죠. 남편한테 거의 강요하듯이 그렇게 땅을 사고 집을 짓기 시작했어요.

윤슬이네 엄마가 터를 알아보는 동안 아빠는 호구지책을 고민했다. 도시에서 나고 자란 두 사람이 농사를 짓기도, 그렇다고 배를 타고 나가서 고기를 잡을 수도 없는 노릇이었다. 오랜 고민 끝에 결정한 것은 펜션사업이었다. 특별한 기술이 없어도 도전할 수 있다는 게 결정적인 요인이었다. 귀촌을 준비하면서 블로그 활동을 활발하게 해온 엄마가 펜션을 운영하는 사람들과 교류를 쌓은 것도 나름대로 큰 힘이 되었다. 그렇게 부부는 아는 사람 하나 없는 곳에서 새로운 인생을 시작했다.

윤슬이네 가족이 남해에 내려온 건 3년 전. 지금 사는 집을 짓는 데 꼬박 1년 반이 걸렸고 그 시간 동안 가족들은 허름한 농가 주택에서 보냈다. 불편했지만 그만큼 행복도 컸다. 항상 바쁘던 아빠가 처음으로 윤슬이와 여유로운 시간을 보낼 수 있었고, 엄마는 늘 미안했던 뛰지 말라는 잔소리를 하지 않아도 됐다. 식구도 하나 늘어 윤슬이 동생까지 태어났다.

도시의 아파트 생활을 청산하고 내려온 가족들에게 남해는 그 야말로 신세계였다. 굳이 놀이터나 키즈 카페를 찾아가지 않아도 문만 열면 아이들이 놀 수 있는 공간이 펼쳐졌다. 삭막한 건물이나 자동차가 아니라 푸른 바다와 들판이 둘러싸인 곳에서 무엇을 하고 놀든 아이들 자유였다.

낯가림이 심하고 소심하던 윤슬이도 달라졌다. 또래 친구들 무리가 보이면 먼저 다가가서 말을 걸게 됐고 먼저 다가가는 것에 익숙해지면서 새로운 사람에 대한 거부감도 점차 사라졌다는 것이다. 아빠와의 관계도 눈에 띄게 좋아졌다. 도시에서 살 때 늘 바빴던 아빠는 윤슬이와 쉽게 친해지지 못했다. 아침 일찍 출근해서 저녁 늦게나 퇴근하는 아빠가 아이에겐 늘 서먹하고 다가서기 힘든 존재였다. 하지만 남해에 내려와 집을 짓는 동안 동현 씨의 하루는 오직 윤슬이만을 위한 시간이었다. 함께 숨바꼭질하고 공놀이를 하면서 놀아주거나 바다에서 낚시하는 평범한 일상이 계속되면서 아이의

임남경(37세)
남해로 이사온 지 3년차

아이한테 '뛰지마'라는 말을 강요하지 않는다는 자체가

윤슬이 엄마는 남해로 이사 와서 아이에게 뛰지 말라는 잔소리를 하지 않아도 돼서 좋다고 한다.

현관문을 열고 발을 그냥 한 발짝 내딛기만 해도 자연이니까

윤슬이 엄마는 현관문을 열고 발을 한 발짝 내딛기만 해도 자연이 펼쳐지는 환경이 있어 행복하다고 한다.

윤슬이가 돌아다니면서 어디서든 밖을 볼 수 있게 창을 다 내달라고 해서

윤슬이 부모는 집을 지을 때 아이가 어디서든 밖을 볼 수 있도록 특별히 내부 구조에 신경을 썼다.

표정은 밝아졌고 아빠와 이야기를 나누는 시간도 더 길어졌다. 아이와 공감대가 쌓일 때마다 부부는 모든 것을 접고 남해로 이사 오길 정말 잘했다는 생각이 들었다.

귀촌을 결심하게 만든 만큼 집을 지을 때도 윤슬이가 재미를 느낄 수 있도록 모든 내부 구조에 특별히 신경을 썼다. 늘 꿈꾸던 전망 좋은 2층집은 모든 공간이 둥글게 맞물리면서 순환이 되도록 색다른 구조로 설계돼 있다. 그중에서도 가장 전망이 좋고 해가 잘 들어오는 곳이 윤슬이 방이다. 엄마는 시력이 좋지 않은 아이를 위해 탁 트인 바다를 선물하고 싶었다.

가능하면 모든 면에 창을 넣어달라고 했어요. 윤슬이가 돌아다니면서 어디서든 밖을 바라볼 수 있게 해주고 싶었어요. 아이가 정말 스트레스를 받지 않고 행복한 집을 지으려고 노력을 많이 했어요. 얼마나 만족하는지는 잘 모르겠지만요.

안정된 생활을 버리고 낯선 곳에서 제2의 삶을 시작한 윤슬이네 가족. 쉽지 않은 결정이었지만 아이들이 행복하기를 바라는 마음으로 아빠 동현 씨와 엄마 남경 씨는 현실적인 어려움을 이겨내기 위해 노력했다. 그 노력만큼 윤슬이는 행복해졌을까? 제작진이 윤슬이에게 들은 대답은 전혀 예상 밖이었다.

처음에는 남해가 좋았어요. 그런데 지금은 남해가 조금 싫어요. 대구에 가고 싶어요. 왜냐하면 대구에는 놀이공원 같은 곳들이 있는데 여기는 벌레들이 많아서 좀 싫어요.

윤슬이를 위해 남해까지 이사 왔지만 언젠가부터 아이가 다시 대구에 가서 살자고 조르기 시작한 것이다. 불과 3년 만에 아이가 시골 생활을 지루해할 줄은 생각지도 못했다는 엄마와 아빠. 먹고 살기 위해 선택한 펜션사업으로 부부가 너무 바빠지면서 발생한 문제였다.

아이들을 돌보면서 여유 있게 할 수 있다고 생각한 펜션사업은 예상과 달리 눈코 뜰 새 없이 바빴다. 더군다나 경험이 전혀 없는 상태에서 시작한 터라 그만큼 힘든 일도 더 많았다. 생계가 걸린 일이라서 잘해야겠다는 생각에 부부의 관심사는 온통 펜션에 가 있었다고 했다. 그렇게 처음 6개월 동안은 그저 앞만 보고 달리다가 어느 날 뒤를 돌아보니 윤슬이가 혼자 놀고 있었다는 것이다. 엄마는 뒤통수를 세게 얻어맞기라도 한 듯 얼얼한 기분이 들었다고 고백했다.

> 애들하고 시간을 보내고 싶어서 남해까지 내려와 이 일을 선택했는데 너무 바빴어요. 이렇게 되면 윤슬이한테는 주변 환경만 달라졌지 도시에 있을 때와 별반 다르지 않겠다는 생각이 들었죠. 그때부터 역할 분담을 하고 아이들을 위해 시간을 더 내려고 노력했어요. 처음 남해에 내려왔을 때와 비교하면 아이들에게 할애할 수 있는 시간이 많이 부족하지만 그래도 한 달에 몇 번이라도 아이와 여행을 가거나 시간을 보내려고 노력하고 있어요.

아이를 위해 생업까지 접고 내려왔지만, 오히려 엄마까지 바빠지는 바람에 윤슬이와 함께 할 수 있는 시간이 줄어든 상황이었다. 그래서일까? 윤슬이는 요즘 부쩍 도시에 가고 싶다는 말도 자주 한다. 놀이공원과 대형 오락실이 윤슬이가 도시에 가고 싶은 가장 큰 이유였다. 지금 사는 시골 마을에는 없는 화려하고 반짝이는 것을 동경하는 모습이 엄마는 참 섭섭했다.

남해에 내려와 사는 것을 처음에는 좋아했던 윤슬이가 시간이 지나자 예전에 살던 대구에 가고 싶어 한다.

처음에는 되게 서운했어요. 저희 나름대로는 정말 큰 결심을 하고 엄청 노력해서 왔거든요. 그런데 이제 시골이 아이한테 재미가 없는 걸까? 이런 생각을 하면 한숨이 좀 나오죠. 그래도 아이 시각에서 봤을 때는 그럴 수 있다고 생각해요. 부모가 더 노력해야겠죠.

처음에는 좀 당황했지만 자연이 더 좋은 곳이라고 아이에게 강요하고 싶지 않았다. 대신 윤슬이가 도시에서 놀고 싶을 때는 가족들이 함께 서울이나 대구로 여행을 가는 방법을 선택했다. 좋아하는 햄버거도 먹고 놀이동산에서 지칠 때까지 놀고 나면 오히려 아이들이 집에 가고 싶다고 말한다는 것이다.

여유롭고 한적한 시골 생활이 이제는 심심하다는 윤슬이를 보면서 엄마 아빠는 고민에 빠졌다.

아파트와 주택 중에서 선택한다면 주저 없이 주택을 선택하겠다는 엄마 남경 씨지만 도시와 시골은 여전히 정답이 없다. 자연 속에서 아이를 키우기엔 더없이 좋은 환경이지만 아이들 교육을 생각할 때는 마음이 흔들린다는 것이다. 여유롭고 한적한 생활이 이제 심심하다는 아이를 보며 엄마와 아빠는 다시 고민에 빠진다. 해답을 찾기 위해 아직 여러 가지 방법을 고민 중이라는 윤슬이네 가족은 언제쯤 집에 대한 딜레마에서 벗어나 정착할 수 있을까?

아이를 위한 공간에는 정답이 없다

아이를 위해 과감하게 자연과 가까운 곳을 선택했지만 오히려 더 고민에 빠진 가족이 또 있다. 다섯 살이 된 예서네 가족이 서울을 떠나 파주로 이사한 건 1년 전이다. 서울에서 살던 집은 예서 방을 따로 만들어주지 못할 만큼 좁았고 집 밖에 나가도 마땅히 뛰어놀 만한 곳이 없었다. 서산에서 나고 자란 엄마 연지 씨는 늘 아이를 시골에서 키우고 싶은 마음이었다고 고백했다.

서울을 벗어나면 같은 돈으로도 훨씬 넓은 집을 구할 수 있었고 무엇보다 아이가 흙을 만지며 뛰어놀 수 있는 자연이 가까워서 예서를 키우기에 훨씬 좋은 환경으로 보였다. 출퇴근 거리가 다소 멀어지긴 해도 어른들이 좀 감수하면 되는 사소한 문제라고 생각했다. 이사한 지 1년도 안 돼 후회하게 될 거라고는 상상도 하지 못했

전원생활을 꿈꾼 연지 씨는 파주로 집을 넓혀 이사하면서 맞벌이를 시작했다고 한다.

다는 엄마. 문제는 시간이었다.

이사할 때는 전원생활을 꿈꿨어요. 텃밭을 가꾸거나 집 주변의 주말농장을 빌려서 아이와 함께 농사도 짓고 싶었어요. 그런데 넓은 집으로 이사하면서 돈이 조금 더 들었거든요. 남편 혼자 벌이로는 힘들어서 파주에 온 뒤 저도 일을 시작해야 했어요. 어쩔 수 없이 아이가 혼자 있는 시간이 많아졌죠. 제가 일하는 동안 어린이집에 맡겨야 하고 남편은 남편대로 서울까지 출퇴근하는 시간이 만만치 않더라고요.

서울보다 집값은 싼 편이었지만, 에서를 좋은 환경에서 키우고

엄마가 집에 와서도 일을 하고 있는 시간에 예서는 혼자서 소꿉놀이나 색칠 놀이를 한다.

싶다는 욕심에 엄마와 아빠는 조금 무리를 해서 집을 장만했다. 처음 이사 왔을 땐 널찍한 새집이 마냥 좋았고 아이의 행복을 위한 최선이었다고 생각했다. 그런데 시작부터 현실적인 문제에 부닥쳤다. 학습지 교사로 일을 시작한 엄마는 예서를 맡길 어린이집을 찾지 못해 전전긍긍한 것이다. 처음 한두 달 서울로 보내다가 간신히 보낼 만한 어린이집을 구했는데 서울처럼 늦은 시간까지 아이를 돌봐주는 곳이 아니었다. 덕분에 일을 끝내지 못하고 종종걸음으로 퇴근한 엄마는 집에 돌아와 밀린 일을 처리할 때가 많다.

엄마가 밀린 시험지를 채점하는 동안 예서는 소꿉놀이를 하거나 색칠 놀이를 하면서 혼자 시간을 보내야 한다. 밤 10시가 다 돼

서야 일을 마친 엄마가 비로소 아이와 마주 앉는다. 잠자리에 들 시간이지만 그냥 재우기가 너무 미안해 10분에서 15분 정도 예서와 놀아준다는 것이다.

서울의 좁은 집에서 살 때는 엄마와 24시간을 함께 지내면서 놀았는데 시골로 이사하면서는 하루에 15분 정도로 엄마와의 시간이 줄어든 것이다. 힘든 건 아빠도 마찬가지였다. 회사까지 출퇴근 시간이 서울에 살 때보다 2배나 더 길어진 것이다. 보통 밤 11시가 넘어야 집에 돌아오는 아빠는 요즘 예서의 잠든 얼굴을 볼 때가 더 많아졌다.

> 집만 넓어지고 생활하는 공간의 여건만 조금 좋아졌을 뿐이지, 아이와 함께 할 수 있는 시간이 서울에 살 때보다 더 줄었어요. 어떤 때는 어제 아빠 들어왔냐고 물어봐요. 아이가 잠들고 나서 아빠가 들어왔다가 깨기 전에 출근하기 때문에 아빠가 집에 왔다 갔는지도 모르는 거예요. 넓은 집에서 살면 아이도 좋아할 거라고 믿었는데 사실 어른들만의 생각 같아요.

처음에는 자기 방이 생겼다고 좋아하던 예서도 이젠 종종 서울에 살던 때를 그리워한다. 밝고 활달했던 아이가 소극적으로 달라진 것도 시골에 살면서 생긴 변화였다. 시무룩한 아이를 볼 때마다 엄마의 마음도 덩달아 복잡하고 고민이 깊어진다. 이사하기 전처럼 예서에게 많은 시간을 할애하고 같이 놀아주고도 싶지만 현실의 무

에서 놀이터 못 가서 심심해?

자기 방이 생겼다고 좋아하던 아이가 자주 서울을 그리워하자 예서 엄마는 고민이 된다.

게가 만만치 않았다.

혼자 노는 아이에게 어쩔 수 없이 스마트폰을 자주 보여주게 된 것도 엄마의 마음이 불편한 이유 중 하나다. 주말에도 피곤을 이기지 못해 잠으로 시간을 보낼 때가 많다. 아이를 생각해서 바꾼 환경이 가족 모두에게 짐이 된 이 상황이 엄마는 막막하기만 하다.

> 이 공간에서 예서가 행복하다면 부모가 조금 힘들어진 건 다 감수하고 넘어갈 수 있어요. 아이가 좋아하는 모습을 보면서 얼마든지 버틸 수 있어요. 그런데 지금은 아이도 힘들고 부모도 너무 힘든 상황이라 아이를 어디에서 어떻게 키워야 할지 이사한 지 1년 만에 그 고민을 다시 하게 됐어요.

공간이 바뀌면 아이의 인생이 달라진다

부모에게 좋은 집은 무엇을 의미할까? 아이의 경험을 풍성하게 해줄 수 있는 자연과 꿈을 키울 수 있는 공간을 두루 갖춘 집을 만들어주고 싶은 게 부모의 욕심일 것이다. 하지만 선택이 늘 좋은 결과를 낳는 것은 아니다.

1년 반 전, 서후네 가족은 춘천 시내의 아파트를 떠나 오래된 주택으로 이사를 했다. 아파트에 사는 이들이라면 벗어날 수 없는 층간 소음이 이사의 결정적인 원인이었다. 위층에 사는 아이가 새벽마다 발을 동동거리는 것도 견디기 힘들었지만 여섯 살 서후가 걸을 때마다 아랫집에서 걸려오는 인터폰 때문에 엄마 정은 씨는 종일 신경이 곤두서 있었다. 층간 소음 위원회에 신고까지 당했을 때는 아파트에 산다는 게 진절머리가 날 만큼 지친 상태였다. 때마침 서후네 아빠가 귀농을 결심하면서 미련 없이 아파트를 떠날 수 있었다.

춘천 외곽의 오래된 주택을 아이들을 위한 공간으로 리모델링하면서 엄마 정은 씨는 날아갈 듯 행복했다. 가장 큰 방을 서후의 공간으로 꾸민 이유도 마음껏 뛰놀라는 엄마의 배려였다. 침대 옆에는 계단을 배치하고, 거실의 책장은 사다리처럼 아이들이 쉽게 오르내릴 수 있도록 만들었다. 엄마는 집이라는 공간이 어디든 마음대로 뛰면서 놀 수 있는 놀이터이길 바랐다.

새집으로 이사한 서후가 가장 놀란 건 이제는 집에서 발꿈치를

갑자기 애가 표정이 막 환해지더니 저 멀리서 막 이렇게 달려오는데

새집으로 이사 온 초기에는 아이의 표정이 밝아지고 성격도 더 긍정적으로 바뀌었다고 한다.

들고 다니지 않아도 된다는 사실이었다. 집 안을 말처럼 뛰어다니던 아이의 환한 표정을 엄마는 아직도 기억한다.

다섯 살 때였어요. 이사 와서 딱 한두 달 됐을 때였어요. 그런데 정말 묶여 있던 말이 고삐가 풀린 것처럼 갑자기 애 표정이 환해지더니 저 멀리서 막 달려오는데, 그때 정말 이사 오기 잘했다고 생각했어요. 서후 표정이 정말 달라졌어요. 아파트에 살 때는 자기 활동량을 마음껏 발산하지 못했으니 얼마나 불편하고 힘들었겠어요. 지금은 집에서 마음껏 뛰면서 원하는 대로 에너지를 발산할 수 있으니까 표정이 밝아지고 성격도 더 긍정적으로 바뀌었어요.

'너 어디 살아?' '어디 살아?' 막 얘길 하다가 거의 대부분이 아파트에 산대요

유치원 아이 대부분이 아파트에 살기 때문에 친구와 놀지 못하는 서후는 주택에 사는 것이 심심하다.

집에 와서 '엄마 나 아파트 가서 놀이터에서 애들이랑 놀고 싶어'

아파트 놀이터에서 친구들과 놀고 싶어 하는 아이를 보고 서후 엄마는 고민에 빠졌다.

아파트에 살 때보다 주택에 사는 게 몇 배는 더 고달팠다. 마당의 잔디도 주기적으로 깎아줘야 하고 폭설이 내렸을 때 청소도 집주인 몫이었다. 일기예보에도 귀를 기울이게 됐다. 호우주의보라도 내리면 주변을 정리하고 폭우에 대비하는 것이 주택에 살면서 익숙해진 일상이다. 아파트에 살 때는 관리비만 내면 해결되던 모든 일이 이제는 스스로 움직이며 부지런 떨어야만 해결이 됐다.

그래도 아파트에서는 누리지 못했던 즐거운 경험이 계절마다 가족들을 기다리고 있었다. 뒷산에서 가끔 산토끼가 찾아오고 장수풍뎅이를 비롯해 다양한 곤충들과도 가까워졌다. 얼마 전엔 제비가 집을 짓는 것도 지켜볼 수 있었다. 자연과 더 가깝게 지내면서 서후네 가족은 아파트에서 답답하게 살았던 기억을 서서히 지웠고, 그렇게 영영 아파트를 잊을 수 있을 거라고 엄마는 생각했다. 하지만 요즘 서후는 부쩍 아파트 이야기를 꺼낼 때가 많다. 동네에는 친구가 하나도 없는데 아파트 놀이터에 가면 같이 놀 아이들이 많다는 첩보를 유치원 친구에게 들었기 때문이다.

유치원 친구들과 얘기하면서 어디에 사는지 서로 물어봤나 봐요. 애들 대부분이 거의 아파트에 산대요. 그래서 서후가 주택에 산다고 하니까 다른 친구들이 좋겠다고 하면서도 "그런데 친구들이랑 못 놀잖아?" 이렇게 말했다는 거예요. 그날부터 아파트 놀이터에서 애들과 놀고 싶다는 말을 자주 하더라고요. 그런 얘길 들으면 친구가 그리웠구나 하는 생각이 들죠.

아파트에서는 누리지 못할 자연환경이지만 서후네 집 주변에는 함께 놀아줄 또래의 아이가 없다.

한창 친구들과 노는 게 재미있을 나이지만 서후네 동네에는 할머니 할아버지만 산다. 유치원에서 돌아오면 함께 어울려 놀 수 있는 동네 친구가 하나도 없다는 것이다. 집에서 마음껏 뛰어놀 자유를 얻은 대신 포기한 것이 다섯 살 서후는 유난히 아쉽고 간절하다. 엄마의 고민은 또 있다. 3년 뒤엔 초등학교에 입학하는데 학교가 좀 먼 데다 인근에 아이를 보낼 만한 학원이 없다는 것이 요즘 가장 큰 걱정이다.

그렇다고 다시 아파트로 이사를 할 생각은 아직 없다. 얼마 전 태어난 둘째를 생각해서라도 자연을 보며 상상할 수 있고 집 안에서 마음껏 뛰고 구를 수 있는 지금의 집에서 당분간 더 지낼 계획이다. 하지만 그 이후는 아직 엄마에게도 물음표로 남아 있다. 아이들을 어디서 키워야 할까? 집에 대한 고민은 서후가 어른이 될 때까지 풀어야 할 엄마의 가장 큰 숙제가 됐다.

은밀한 구석의 심리적인 효과

어른들은 넓고 탁 트인 공간에서 심리적인 안정을 찾지만 아이들은 반대다. 후미지고 구석진 자신만의 공간을 더 좋아한다. 의자에 이불을 덮어 아지트를 만들거나 인형을 들고 이불 속에 들어가 시간 가는 줄 모르고 놀던 기억은 누구나 간직한 어린 시절의 추억일 것이다. 엄마 배 속에서 느꼈던 안정감을 추구하는 본능 때문이다. 그래서 집에 좁고 비밀스러운 공간이 많을수록 아이는 심리적으로 안정되고 집중력도 더 발휘할 수 있다. 멋지고 화려하게 꾸며주지 않아도 된다. 아이가 혼자만의 시간을 보내면서 다양한 상상을 즐기거나 책을 읽을 수 있는 은밀한 공간이면 충분하다.

전문가들은 아이들이 숨바꼭질하고 싶은 집이 좋은 집이라고 조언한다. 어질러져 있고 틈새와 구석이 있는 환경이 아이에게 놀이의 가능성을 발견하는 기회를 제공하기 때문이다. 아이는 주체적으로 노는 과정을 통해 잠재력을 마음껏 펼칠 수 있다. 별다른 장난감이 없더라도 집 자체가 커다란 놀이터가 되어주는 셈이다.

● 구석 효과 ① 안정감

처음 세상에 나온 아이들은 어디까지가 안전한 자신의 영역인지 잘 알지 못한다. 그래서 물리적으로 공간을 구분 지으려는 본능이 있다. 자기만의 울타리를 만들어 세

숨바꼭질은 아이의 성장과 발달 단계에서 놀이 이상의 의미를 갖는다. 놀이의 즐거움과 함께 정서 발달도 촉진한다.

상과 경계를 형성하는 것이다. 활동 범위가 넓어지는 만 3세 이후에는 엄마의 품을 대신할 공간으로 구석진 곳을 찾는다. 언제든지 돌아갈 공간이 있다는 것만으로도 아이는 정서적인 만족감과 안정감을 느끼게 된다.

● 구석 효과 ② 숨바꼭질

숨바꼭질은 아이의 성장과 발달 단계에서 놀이 이상의 의미를 지닌다. 갓 태어난 아이들은 눈앞에 있던 물건이 보이지 않으면 사라졌다고 생각한다. 엄마 아빠와 떨어졌을 때 울음을 터뜨리는 것도 그런 이유에서다. 하지만 생후 9개월 무렵이 되면 물건이 잠깐 안 보여도 사라지는 게 아니라는 것을 인지하는데 이것을 대상 영속성이라고 한다. 생후 12개월 전후가 되면 숨겨진 물건을 찾아낼 만큼 대상 영속성이 발달하게 된다. 애착 관계를 형성한 부모와 분리되었다가 다시 만나는 과정을 반복하며 눈앞에 보이지 않더라도 다시 돌아온다는 사실을 깨닫고 정서적인 안정감을 얻

아이들은 자아가 형성되는 만 2세가 되면 타인과
자신을 구분하게 되고 자기 공간에 대한 욕구가
생기기 시작한다.

는 것이다.

이러한 발달 과정의 부분이 놀이로 발현된 것이 바로 숨바꼭질이다. 구석이 많은 집
은 숨바꼭질하기 최적의 장소라 할 수 있다. 몸을 감추고 기다리는 동안의 설렘 그
리고 숨은 가족이나 친구를 찾았을 때의 환희는 아이들에게 짜릿한 즐거움을 선사
하고 정서 발달을 촉진한다.

● 구석 효과 ③ 자아 존중

아이들은 자신만의 공간을 누구보다 중요하게 생각한다. 자아가 형성되는 만 2세가
되면 타인과 자신을 구분하게 되고 자기 공간에 대한 욕구가 생기기 시작한다는 것
이다. 자유자재로 걷고 활동 반경이 넓어지면서 이불 속이나 책상 밑처럼 외부와 단
절된 공간에서 아이는 자기가 원하는 세계를 구축한다. 좋아하는 물건으로 가득 채
운 구석진 공간에서 아이는 자아 존중감을 키워나간다.

변화무쌍한 공간이 아이를 키운다

아이들을 위해 최선의 공간을 찾아 헤매지만 부모들은 쉽게 정답을 찾지 못한다. 자연에서 뛰놀면 행복해질 수 있다고 믿고 어려운 결정을 내려도 막상 아이들이 지루해하거나 다시 도시를 그리워하는 경우도 많다. 시골에서의 생활이 아이들과 함께 할 수 있는 시간을 보장해주는 것도 아니다.

그렇다면 전문가들은 왜 자연을 강조하는 것일까? 건축을 전공한 유현준 교수는 사시사철 변화하는 다양한 풍경이 인간에게 필요하기 때문이라고 답한다.

우리는 기본적으로 수렵채집을 하면서 몇십만 년 동안 진화해왔고 그 시간의 대부분을 야외에서 살았어요. 변화하는 자연을 보는 게 익숙할 수밖에 없

유현준 교수는 사시사철 변화무쌍한 다양한 자연의 변화가 인간에게 필요하다고 강조한다.

죠. 그리고 보통 과학자들이 생명체가 진화하는 과정에서 움직이는 생명체만 뇌가 있다고 얘기해요. 식물은 뇌가 없고 동물은 뇌가 있잖아요. 말미잘의 유충을 관찰하면 바다에 떠다닐 때는 뇌가 있는데, 바위에 정착하면 뇌가 사라진답니다. 즉 인간이 뇌를 갖고 있다는 건 계속 변화하는 환경을 봐야 한다는 거죠.

하지만 자연만이 답은 아니라고도 덧붙였다. 자연은 바람과 햇볕, 계절, 풀벌레 소리처럼 수천 가지 요소들이 그때그때 다른 풍경을 만들어내는 대신 아주 천천히 변화한다는 것이다. 대신 도시는 다양한 체험이 가능하고 자연에서 느끼는 것보다 강렬한 자극을 인간에게 선사하기도 한다.

그래서 어느 하나가 답이라고 결론 내리기가 어렵다는 것이다. 도시와 자연을 양분화해서 고민하는 것보다 아이의 성향에 맞는 환경을 찾는 게 더 중요하다는 것이다. 공간이 달라진다는 건 여러 가지 조건 중 하나일 뿐이지 시골로 이사한다고 해서 행복해지거나 도시에 산다고 해서 꼭 불행한 건 아니라는 설명이다. 어떤 아이들에겐 시골에서 모래를 만지면서 노는 게 더 즐거울 수 있고, 또 다른 아이들은 도시의 치열한 경쟁에서 배움을 얻기도 한다.

따라서 아파트냐 주택이냐 하는 공간 자체보다 다양한 경험이 이루어질 수 있는, 그래서 변화가 가능한 공간이 우리 아이들을 위해 진짜 필요하다.

공간 디자이너로 일하는 하랑이네 엄마 아빠가 결혼 7년 만에 집을 장만하고 리모델링을 시작할 때 가장 고민한 것도 바로 이 부분이었다. 천편일률적인 아파트 구조에서 벗어나 아이들이 재미있게 놀 수 있는 집을 만들고 싶다는 것이다. 영화 속에서 다양한 공간을 탄생시킨 세트 디자이너로 출발해 아파트 수십 곳을 개조했지만 막상 가족이 살아갈 공간을 만들려니 고민이 하나둘 늘기 시작했다.

가족의 평소 생활 방식을 짚어보고 가장 필요한 것은 무엇인지 스스로 질문을 던진 끝에 가장 중요한 건 아이들이 중심이 되는 집이라는 결론에 도달했다. 당시 일곱 살과 다섯 살이었던 남매를 위

하랑이네 아파트 집에는 문이 없고 침실과 놀이방, 발코니가 모두 하나로 연결되어 있다.

해 엄마 상아 씨와 아빠 동명 씨는 법적으로 허용되는 선에서 최대한 다양한 공간을 선물하기로 했다.

숨바꼭질하며 놀거나 기어오르고 뛰어다닐 수 있도록 바닥의 높낮이를 다르게 설계했고 아이들 방에 달린 문을 모두 없앴다. 문이 사라진 곳에는 벽을 세운 다음 네모난 통로를 만들었다. 아이들에게는 이 네모난 통로를 건너는 것 자체가 하나의 놀이가 되고 엄마 아빠는 잠시 이곳에서 휴식시간을 갖기도 한다.

침실과 놀이방과 발코니를 하나로 연결하고 아이들의 침실은 다락을 만들어 복층으로 개조했다. 문이 없는 집은 미로처럼 복잡하고 재미있는 구조를 만들어냈다. 주방 옆 복도를 따라 작은 출입

하랑이네는 어른들이 정해놓은 곳이 아니라 아이들 스스로 정한 자리에서 놀 수 있는 공간을 만들려고 했다.

구로 들어가면 아이 방이 나오고 창가 쪽 통로를 지나면 거실이 나타난다. 거실을 지나면 놀이방으로 이어지고 반대편으로 나오면 다시 거실에 도착하는 신기한 집이 탄생한 것이다. 통로를 따라 요리조리 가다 보면 순식간에 집을 한 바퀴 돌게 되는 셈이다.

어느 집에 들어가도 여기가 그 친구의 집이었나? 이런 생각이 들 정도로 다똑같이 생겼잖아요. 아이들이 우리 가족만의 공간이라고 느끼고 어른들이 정해놓은 자리에서 뭔가를 하는 게 아니라 스스로 정한 자리에서 놀 수 있는 집을 만들고 싶었어요. 문이 하나 닫히면 공간이 닫히기도 하고 연결되기도 한다는 걸 아이들이 무의식중에 알았으면 했죠. 그래서 문을 없애고

일부러 문을 만들지 않으려고 한 건 아니었다. 다만 공간에 제
한을 두지 않겠다는 생각을 현실로 옮기는 과정에서 문이 사라졌다
는 것이다. 덕분에 아이들은 누구의 방이나 거실이라는 개념보다는
어디든 우리 집이라는 생각을 하면서 자유롭게 공간을 넘나든다.
문으로 단절되지 않고 하나로 연결되는 집은 아이들이 더 많은 것
을 상상할 수 있게 해줬다. 계단 밑처럼 집안 곳곳에 숨겨진 공간에
서 혼자만의 시간을 즐길 수도 있다. 하지만 아이들이 좀 더 커서
자신만의 공간이 필요해진다면 따로 분리해줄 계획이다.

공간을 비우고 여유를 두려 노력한 것도 눈에 띈다. 필요한 살
림살이로 꼭 채우는 것보다는 공간에 빈틈이 좀 있을 때 아이들이
뭘 하고 놀지 스스로 고민하고 공간을 채워나갈 수 있다고 생각한
것이다.

여지를 좀 두고 아이들이 스스로 채우고 생각할 수 있는 공간
을 만들고 싶었단다. 빈 공간이 좀 있으면 싶었다. 그래서 집 전체
를 통틀어 가구는 테이블 3개와 크고 작은 수납장 3개, 그리고 의
자 8개가 전부다. 가구를 줄이고 대신 그 쓰임과 기능을 구조적으
로 공간에 녹여냈다. 바닥을 돋우고 매트리스를 놓아 침대를 만드
는가 하면 벽에서 직각으로 튀어나온 구조물이 거실의 소파가 된

다. 자리를 차지하는 책장도 따로 만드는 대신 계단을 활용했고 자주 읽는 책을 꽂아두는 거실의 책장을 옆으로 밀면 문이 열리면서 거실 맞은편의 놀이방이 나타난다. 아이들 마음 내키는 대로 책장이 되기도 하고 놀이방으로 향하는 미닫이문도 되는 셈이다.

공간이 다채로우니 놀이도 다양해졌다. 위아래를 차지하고 베개 싸움을 하거나 스프링을 굴리면서 노는 아이들은 누가 알려주지 않아도 자신들만의 놀이를 곧잘 찾아냈다. 발코니에는 방울토마토를 키우는 작은 화단도 만들었다. 물을 줄 수 있게 작은 수돗가를 설치했더니 아이들은 이곳에서 물감을 풀어 미술 놀이도 즐긴다. 겉에서 볼 때는 지은 지 10년이 넘는 평범한 아파트지만 문을 열고 들어서면 어디에서도 본 적이 없는 가족들만의 독특한 공간이 펼쳐지는 것이다.

처음에는 하랑이네 가족도 단독주택을 염두에 뒀다고 한다. 인근의 전원주택 단지도 열심히 찾아다녔다. 그런데 일에 바쁜 엄마와 아빠를 대신해 아이들을 돌봐주는 할머니와 할아버지에게 전원주택은 거리도 멀고 관리할 게 많아 편하게 거주하기 힘들다는 단점이 있었다. 아이들의 어린이집과 학교도 문제였다. 아파트를 중심으로 기반 시설이 갖춰진 경우가 많다 보니 아파트를 떠나는 게 현실적으로 어렵다고 판단한 것이다.

대신 아파트를 변형해서 다양한 공간을 만들기 위해 노력했다. 역세권이나 투자 가치는 중요하지 않았다. 주어진 공간을 최대한

한옥에서 저는 그 툇마루와 대청마루와 연결되어 있는 그 공간이

하랑이네는 집 안에 한옥의 툇마루와 같은 공간을 만들었다. 이곳에서 아이들은 책을 읽고 낮잠도 즐긴다.

다채롭게 활용하는 것이 하랑이네 가족의 가장 큰 고민이었다. 설계하는 데만 6개월이라는 긴 시간이 걸릴 만큼 공을 들여 만든 집에서 가족들이 가장 좋아하는 공간은 놀이방과 침실을 잇는 발코니의 커다란 평상이다. 하랑이네 엄마는 이곳을 마법의 공간이라고 소개한다.

한옥에서 툇마루와 대청마루가 연결된 그 공간이 어떨 때는 그냥 걸터앉아서 벤치가 되기도 하고 여름에는 드러누워서 낮잠을 자기도 하잖아요. 그렇게 아이들이 자유롭게 공간을 쓸 수 있으면 좋겠다고 생각해서 만들었어요. 남편과 여기서 상을 펴고 막걸리를 마실 때면 애들은 옆에서 그냥 뒹굴면서

하랑이네는 아이들의 침실로 일반 아파트에는 없는 2층 구조의 공간을 만들었다.

진짜 특별한 집 같은 느낌이 들어요

하랑이는 공간에 변화를 준 집에 사는 것이 특별한 집에 산다는 느낌이 들어 좋다고 한다.

놀곤 해요. 아이들이 방을 옮겨 다닐 때는 통로가 되고 이 위에서 춤을 추고 놀 땐 또 무대가 되는 거죠. 하나의 공간이 아이들의 선택에 따라 끊임없이 변화하는 겁니다.

초등학교 때는 재밌게 노는 게 최고라고 생각해서 따로 공부방을 만들어주지 않았다. 아이들이 두세 시간씩 꼬박 앉아서 공부하는 것보다 수학 문제를 풀다가도 구슬을 쌓아 놀면서 더 많은 것을 배운다고 믿는다. 자세가 흐트러졌을 때 주변의 것을 더 많이 볼 수 있다고 생각하기 때문이다.

공간의 제한도, 행동의 제약도 없이 아이들 마음대로 자유롭게 지낼 수 있는 집. 그래서 하랑이에게 집은 세상에서 가장 특별하고 좋아하는 공간이다.

다른 아파트에는 2층이 없는데 우리 집에는 있어서 정말 좋아요. 같은 아파트 사는 친구들이 똑같은 평수인데 우리 집만 더 넓어 보인다고 부러워해요. 제가 정말 특별한 집에 산다는 기분이 들어요.

남들과 똑같은 아파트에 살지만 변화무쌍한 실내 공간에서 아이들은 무한한 상상력과 즐거움을 누리면서 가족에 대한 애착 관계를 형성하고 있다. 엄마 상아 씨는 일부 공간을 아이들에게 완전히 내주는 것도 집의 변화를 만들 방법이라고 조언한다. 어릴 적 우울

하거나 화가 날 때마다 방안의 가구 배치를 바꿨던 일이 지금도 재미있는 기억으로 남아 있을뿐더러 공간 디자이너라는 직업을 선택하게 된 특별한 경험이 됐다.

아이들에게 허용된 공간에는 가구를 많이 두지 않는 것이 좋단다. 그래야 손쉽게 마음껏 공간을 바꿀 수 있다는 설명이다. 벽에 그림을 그리거나 스티커를 붙여도 어른들은 참견하지 않는 게 좋다. 정 거정이 된다면 천을 걸어서 구획을 나눠주는 것도 좋은 방법이다. 공간이 크지 않아도 그 안에서 아이들은 무수한 상상력을 꽃피우고 자유로움을 만끽할 수 있다는 것이다.

아이들이 2층에 고래 그림을 그렸을 때 행복을 느꼈다는 엄마는 아직 집에 대한 욕심이 하나 더 남아 있다.

사실 제가 가장 바라는 건 아이들이 자기 방을 "엄마, 나 빨간색으로 칠하고 싶어" 이렇게 말하면서 페인트칠도 해보고 말도 안 되는 가구를 직접 만들어서 배치해보는 거예요. 어른들의 살림이 아니라 아이들이 직접 좋아하는 공간을 스스로 만들어보는 거죠.

엄마는 하랑이와 하율이가 이 집에서 보낸 시간이 평생 꺼내볼 수 있는 행복한 추억으로 남길 바란다. 시골에서 어린 시절을 보낸 엄마처럼 친구들과 산을 타고 개울에서 뛰노는 재미를 도시에 사는 요즘 아이들이 경험하긴 힘든 현실이다. 그렇다면 자연에서

여기 2층 보시면 아이들이 고래를 그렸거든요. 둘이서 같이

아이들이 직접 2층 침실 난간 벽에 고래 그림을 그렸을 때 하랑이 엄마는 행복을 느꼈다고 한다.

노는 즐거움을 집에서 더 찾아야 하지 않을까? 도시에 살수록 집이 더 재미있고 즐거운 공간이 되어야 한다고 생각하는 이유다.

물론 하랑이네 집처럼 구조를 변경하는 건 현실적으로 쉬운 일이 아니다. 비용도 문제지만 전세로 거주하는 경우 집을 고치는 데 동의해줄 마음 좋은 집주인을 만나기도 불가능에 가까울 것이다. 그렇다면 집이라는 공간에 어떻게 변화를 줄 수 있을까? 이 질문에 대한 대답을 과천에 사는 민솔이네 가족은 가구에서 찾았다.

아빠 현동 씨의 직업은 나무로 가구를 만드는 목수. 집 안의 모든 가구를 직접 만들었다. 목공작업도 베테랑이지만 못지않게 잘하는 일이 또 하나 있다. 집 안의 가구를 다시 배치하는 대대적인 작업도 주기적으로 실시하고 있단다. 1~2주에 한 번은 간단한 소품이라도 꼭 바꾸려고 노력한다. 귀찮고 힘들 법도 한데 민솔이네 가족들에게는 가구 배치하는 날이 손꼽아 기다리는 즐겁고 재미있는 하루다. 덕분에 엄마도 이제 가구 배치의 달인이 되었다고.

계절이 바뀔 때 한 번씩 옮겨주고 침대는 틈나는 대로 자주 자리를 바꾸죠. 책장도 눕혔다가 세우고, 겹쳐서 쌓기도 하고 그렇게 해가면서 다양하게 바꾸려고 했어요. 이사 온 지 1년 됐는데 처음과 비교하면 완전히 다른 집이죠.

가구 배치에서 환상의 호흡을 자랑한다는 민솔이네 엄마와 아빠. 거실에 있던 침대를 방에 다시 들여놓고 테이블과 책상을 내놓고 카페처럼 분위기를 내는 데 불과 30분도 걸리지 않았다. 일주일 전 친구들과 파자마 파티를 하고 싶다는 민솔이를 위해 침대를 거실에 놓아줬는데, 파티가 끝났으니 거실 공간에 변화가 필요하다는 것이다. 가구를 옮기기 전 도면을 그리거나 미리 계획하는 것도 아니다. 새로운 물건을 들이면 놓을 자리를 찾다가 집 안 전체의 가구를 재배치하기도 하고, 문득 변화를 주고 싶을 때는 주저 없이 가구를 옮긴다.

재미있는 건 그렇게 여러 차례 가구를 옮겼어도 배치할 때마다 늘 새로운 풍경이 만들어졌다는 것이다. 따로 도면을 그린 적도 없다. 평소에도 요리조리 가구 자리를 바꾸다 보니 계획 없이 시작해

민솔이 아빠는 주기적으로 집 안의 간단한 소품이라도 가구 배치를 바꿔준다고 한다.

가구를 새롭게 배치하는 일을 여러 번 반복하다 보니 민솔이 엄마 아빠는 어느새 가구 배치의 달인이 되었다.

도 어느 순간 가구들이 새로운 자리를 찾는다는 것이다.

처음에는 살던 집이 좁고 답답해서 가구 배치를 바꾸기 시작했다. 마침 아이들이 혼자 장난감을 갖고 놀 나이라서 가구를 옮길 시간적인 여유도 있었다. 엄마는 답답한 마음에 시작했는데 아이들의 반응이 의외였다. 새로운 집에 이사 온 것 같다며 열광적인 반응을 보낸 것이다. 장난감을 사줄 때보다 가구 배치를 바꿨을 때 더 좋아하는 아이들 덕분에 그때부터 엄마와 아빠의 남다른 취미 생활이 시작됐다.

대대적으로 가구를 바꾼 날엔 떨리는 마음으로 아이들이 하교하기를 기다린다. 바뀐 공간을 보면서 기뻐하는 두 딸의 표정은 엄마와 아빠가 수고를 아끼지 않는 가장 큰 이유였다. 그리고 아이들을 위한 선물도 잊지 않는다. 직접 방을 꾸밀 수 있도록 아이들만의 공간을 조금 남겨둔 것이다. 놀이 테이블의 위치를 결정하고 옮기는 것도 척척 해내는 민솔이와 소민이. 두 딸에게는 집에서 즐길 수 있는 최고의 놀이라는 것을 엄마는 누구보다 잘 알고 있다.

그리고 아이들이 가구를 배치하고 옮기는 모습을 보면서 잘 몰랐던 두 딸의 성격도 파악할 수 있었다. 언니 민솔이는 동생을 도와주고 싶어서 자꾸 물어보는 반면, 자기 취향이 확실한 소민이는 무엇이든 혼자서 해내고 싶은 고집이 남달랐다. 날마다 새롭게 변신하는 집은 아이들의 흥미를 끝없이 자극했다.

가구 위치를 바꾸고자 옮기기 힘든 크고 무거운 가구는 집에

민솔이네는 가구 배치를 바꿔 변화를 줄 때마다 새로 이사한 기분이 든다고 한다.

잘 들이지 않았다. 하도 여러 번 가구를 옮기다 보니 민솔이네 집에는 제자리라는 개념이 없을 정도. 장난감은 상자 안에 정리해야 하지만 장난감 상자는 아이들이 원하는 곳에 마음대로 둘 수 있다. 엄마 보라 씨는 한 번씩 가구를 움직일 때마다 여행 가는 기분이 들어서 좋다고 했다.

늘 생활하던 공간도 가구의 위치를 바꾸면 기분이 달라지고 낯선 곳에 온 듯한 기분이 들어요. 여행지에서 좋은 호텔이나 콘도에 묵는 것도 그런 기분을 느끼고 싶어서잖아요. 바빠서 여행 갈 시간도 많지 않고 여유도 없었는데, 이렇게 집 안에서 공간을 바꿔가면서 새로운 기분을 느끼려고 했던 것 같아요.

같은 장소라도 가구 배치에 따라 그리고 어떻게 활용하느냐에 따라 공간이 달라진다는 것이다. 다채롭게 변신하는 공간은 아이들이 상상력을 키우며 뛰어놀 수 있는 또 다른 놀이터가 된다. 건축가인 유현준 교수는 의자 하나를 놓더라도 그 위치에 따라 공간은 물론 인간관계까지 변화를 불러온다고 설명한다.

똑같은 집이지만 그 안에서 가구 배치를 어떻게 하느냐에 따라 사실 공간의 무게가 확 달라지거든요. 의자 하나만 놓더라도 어느 방향으로 놓느냐에 따라 분위기를 바꿀 수 있어요. 의자 두 개를 놓으면 마주 보게 할지, 아니면 한 방향으로 놓을지에 따라 인간관계도 달라지거든요. 실제로 공간은 보이지 않게 사람의 관계를 결정한다고 볼 수 있어요.

그리고 무엇보다 중요한 건 공간을 인식하고 즐길 수 있는 여유로운 시간이 필요하다는 것이 유현준 교수의 조언이다. 시간과 공간은 연결되어 있는데 효율적으로 표준화된 삶을 사는 현대인들은 공간을 받아들일 시간이 절대적으로 부족하다는 것이다. 공간만 바꿀 것이 아니라 그 공간을 스스로 선택하고 다채롭게 경험할 결정권이 주어질 때 비로소 아이들은 집에서 꿈을 키우고 미래를 상상하며 성장할 수 있다.

인터뷰 ❸

아파트에 자연을 담는다면?

유현준 건축가

　홍익대에서 학생들을 가르치는 유현준 건축가는 자신을 도시적인 인간이라 소개한다. 물론 자연이 좋긴 하지만 일주일 또는 한 달 내내 바라만 보고 있으라면 지루해서 견디기 힘들다는 것. 그래서 번잡한 도심에 있으면서도 하늘을 올려다볼 수 있는 옥상 정원이나 바람을 맞을 수 있는 발코니 같은 공간을 사랑한다.

　아파트에서 사는 게 꼭 문제라고 생각하지도 않는다. 아파트라는 거주공간이 있었기 때문에 고도로 발전한 도시에서 살 수 있게 됐고 주택 부족 문제를 해결할 수 있었다. 하지만 시대가 달라졌다. 밥을 먹고 사는 일이 아니라 건강하게 무엇을 먹어야 할지 고민하는 세상이 열린 것이다.

그는 우리나라 도시에서 자연을 접할 수 있는 곳이 대체로 공적인 공간이라는 점을 지적한다. 조용히 즐길 수 있는 자연을 만나기 어렵다는 것이다. 예전에는 사적인 공간인 마당에서 1대 1로 자연을 만끽할 수 있었다. 속옷 바람이어도 상관없고 세수하지 않아도 거리낌 없이 햇빛을 맞는 곳이 마당이었다.

고밀화된 도시를 유지하면서도 사적으로 자연을 만날 수 있는 공간이 필요하잖아요. 모든 사람이 주택을 짓고 마당을 가질 수 없으니까 결국 단독주택은 정답이 아니에요. 대신 아파트를 지을 때 하늘이 보이도록 더 넓은 폭의 테라스를 만들어야 한다고 생각해요. 그러려면 우리나라 건축 법규도 바뀌어야 하고 변화가 많이 필요하겠죠.

자연을 사적인 공간에 들여놓을 수 있는 단독주택은 많은 사람의 꿈이다. 하지만 모든 이들이 마당 있는 집에서 살 수는 없는 현실. 유현준 건축가는 다양한 변주가 가능한 새로운 형식의 아파트를 대안으로 제시한다.

아파트 단지를 조성할 때도 똑같은 높이의 천편일률적인 외형이 아니라 건축 자재와 모양을 다르게 해서 개성을 살려 지어야 한다는 것이다. 내부 구조도 여러 가지 변형 가능한 옵션을 주어 방에서 방을 들여다볼 수 있는 창문을 내거나 천장을 높여서 복층이나

한옥은 마당이 있고 방에서 건너편 다른 방을 볼 수 있어 창을 열고 마주 보며 대화하는 게 가능하다.

다락처럼 다양한 공간으로 활용해야 한다는 것이다. 획일적인 구조에서 벗어나 변화를 준다면 꼭 마당이 있는 집이 아니더라도 아이들이 건강하게 성장할 수 있는 집이 된다는 점을 강조한다.

한옥은 마당이 있고 방에서 건너편 다른 방을 볼 수 있어 창을 열고 마주 보며 대화를 나누는 게 가능하다. 반면 아파트는 지붕 덮은 마당을 거실, 식탁을 대청마루로 볼 수 있는데 모든 창문이 바깥으로 향해 나 있어서 방 안에 들어가면 대화가 단절될 수밖에 없다는 것이다.

공간이 바뀌면 아이의 인생이 달라진다

191

창문은 다른 사람과 소통을 하면서도 자신의 영역을 지킬 수 있는 관계를 의미한다.

방문은 문을 통해 다른 사람이 들어올 수 있어서 개인 공간에 침입을 받을 수 있지만 창문은 다른 사람과 소통을 하면서도 자신의 영역을 지킬 수 있는 관계를 의미한다. 관계가 너무 가까우면 사생활이 없어지고 관계가 끊어지면 외롭다. 적당한 거리를 유지해주는 창문을 적절하게 사용하면 좋은 관계를 만들 수 있다는 것이다.

저는 1층 단독주택에 살다가 2층 양옥집으로 이사를 했고 아파트에서도 살아봤거든요. 다양한 주거형태에서 살아본 경험이 저에게는 정말 큰 자산이에요. 제가 설계를 할 때 활용하는 것들은 주택에 살았을 때 추억들이에요. 꼭 도심이 아니라 시골에서, 그리고 마당이 있는 주택에서 살지 않아도 괜찮아요. 그런데 다양한 경험을 하게 해줄 필요는 있다고 생각해요.

대전에 사는 아이와 인천에 사는 아이가 바라보는 풍경이 아파트의 브랜드만 빼면 다를 게 없다는 게 유현준 건축가에겐 가장 안타까운 점이다. 하지만 옛날 마을인 서촌의 골목은 다르다. 자동차도 들어가지 못하는 비좁은 골목이 구불구불 이어지면서 선택 가능한 길이 수십 개나 펼쳐진다. 어떤 길을 선택하느냐에 따라 만나고 경험할 수 있는 풍경들이 달라진다.

유현준 건축가는 주택에 사는지 아파트에 사는지는 중요한 문제가 아니라고 말한다. 아이들이 지금보다 더 다양한 경험을 할 수 있는 공간과 환경이 만들어져야 한다는 것이다. 그래서 오늘도 그는 꿈꾼다. 마당을 대신할 수 있는 커다란 테라스와 거주자의 개성을 살린 다양한 구조로 아파트가 달라지는 그날을.

집 안에서 거실은 꽤 넓잖아요.

다양한 것들이 있죠. 부모가 있고 형제가 있지만

그런 일종의 잡다한 분위기에서 공부하는 것이

사실은 더 집중이 잘된 적이 있죠?

어른 중에서도 예를 들어 잔업이나 다양한 일들을

카페에서 하는 경우와 비슷한 거예요.

아이 방이 공부방이라는 건 어른들 생각이고

거기서는 사실 공부를 제대로 안 한다는 거죠.

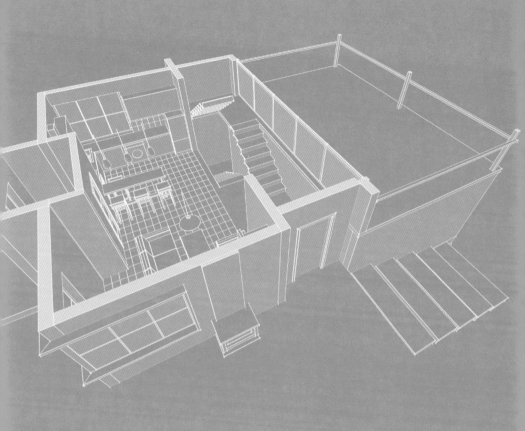

04

똑똑한 아이로 키우는 공간 만들기

창의력을 키우는 공간의 비밀

영국의 유명한 교육학자인 켄 로빈슨은 아이들에게 다양한 환경을 만들어주는 것으로 교육의 패러다임이 바뀌어야 한다고 주장한다. 아이들은 누구나 창의성을 갖고 태어나지만 획일적인 교육이 그 창의성을 죽인다는 것이다. 따라서 학교 교육이 통제된 수업을 통해서가 아니라 아이들이 원하는 일을 할 수 있는 방향으로 환경이 달라져야 한다는 것이다. 그렇다면 아이들이 느끼는 좋은 공간이란 과연 어떤 공간일까?

건축가로 활동하는 유현준 교수는 30년 전 자신이 다닌 학교와 지금 아들이 다니는 학교가 크게 달라진 점이 없다고 지적한다. 학교 건물의 층수도 높아지고 아이들이 사용하는 공간도 풍요로워졌지만 교육하는 방식은 크게 바뀌지 않았기 때문이다. 우리나라는 학교를 지을 때 실내 면적을 비롯한 모든 설비와 규격을 교육부가 규정해놓았다. 그 기준에 맞추려면 지금처럼 네모반듯한 교사와 운동장으로 이루어진 형태를 벗어나기 힘들다는 것이다.

교실은 또 어떤가? 콘크리트로 찍어낸 듯한 교실은 전국 어디나 똑같은 풍경이다. 칠판과 선생님을 앞에 두고 모든 학생이 열 맞춰 앉아 있는 풍경은 때로는 삭막하기까지 하다. 쉬는 시간을 즐겁게 보낼 만한 별도의 공간도 찾아보기 힘들다. 아이들이 입학해서 12년을 보내야 할 공간이지만 틀에 박힌 똑같은 교실에선 제대로 창의력을 발휘하는 게 쉽지 않아 보인다. 이곳에서 과연 우리 아이들이 잘 배우고 건강하게 자랄 수 있을까? 부모라면 한번쯤 가져볼 만한 질문이다.

건축가인 유현준 교수는 교실 건물이 점점 높아질수록 아이들은 맘껏 뛰놀기 어렵다고 설명한다. 학교의 쉬는 시간은 고작 10분인데 고층 교실에서 계단을 이용해 운동장까지 내려갔다 오는 게 쉽지 않다는 것이다. 따라서 1층이나 2층 정도의 낮은 건물을 여러 군데 배치해 아이들이 잠깐이라도 밖에 나가 놀 기회를 제공해야 한다고 주장한다.

제한적인 면적이 문제라면 학교 안을 변화시키는 것도 방법이다. 학생 수가 줄면서 남는 여분의 교실들을 상담실이나 창고처럼 학생들과 아무런 관계없는 불필요한 용도로 사용하는 관례를 바꾸자는 것이다. 학생들을 위한 쉼터를 만들어도 좋고, 옥상을 개방해

우리나라 교실 풍경은 대부분 칠판을 앞에 두고 모든 학생이 열 맞춰 앉는 구조로 되어 있어 획일적이다.

하늘을 보고 바람을 맞을 수 있는 정원을 만드는 것도 아이들의 정서에 커다란 도움이 된다.

모두 칠판만 바라보고 있는 책상과 의자도 아이들이 우리라는 공동체 의식을 갖기엔 역부족이다. 다른 사람을 볼 수 있을 때 공동체 의식이 생긴다. 그리스 원형극장과 로마 원형경기장이 대표적 사례다. 창문도 중요하다. 교실의 창문은 바깥 경치를 보는 창문과 선생님들이 학생을 감시할 때 주로 사용하는 복도 창문 이렇게 두 가지로 나뉜다. 밖으로 난 창문을 더 크게 만들어 아이들에게 풍성한 바깥 경치를 보게 한다면 어떨까? 교실과 교실을 나누는 벽에 창문을 내서 다른 교실을 볼 수 있게 한다면 실내 공간이 더 넓어 보이고 학생들이 다른 반 학생들과 소통하는 데 도움을 줄 수도 있다. 수업에 방해가 된다면 커튼을 쳐서 쉬는 시간에만 열어두는 것도 괜찮다.

창의력을 발휘하는 가장 좋은 방법은 소통이라고 한다. 그리고 소통을 가능하게 만들어주는 것이 바로 공간이다. 혼자 책만 보고 공부하는 것이 아니라 서로 토론하고 때로는 함께 웃고 떠들면서 아이들은 서로의 잠재력을 일깨워준다.

학교는 아이들이 정서적으로 가장 중요한 시기에 하루 절반 이상을 보내는 공간이자 성장의 터전이다. 친구들과 어울리면서 사회화가 시작되고 창의력과 상상력도 키워나가게 된다. 살아가는 데 중요한 가치관도 학교에서 배울 수 있다. 그래서 이탈리아 건축가 조르지오 폰티는 '학교 건물이 가르친다'고 강조했다. 배움의 공간을 잘 꾸미는 건 지식을 운용하는 능력과 지혜를 몸으로 배울 수 있는 출발점이라는 것이다.

인간이 무언가에 감동하는 순간 좋은 변화가 일어나고, 큰 감동을 경험한 사람일수록 어려운 일을 겪었을 때 그것을 극복하려는 의지도 높아진다고 한다. 바꿔 말하면 학교에서 감동 없는 일상을 보내는 아이들이 행복한 어른으로 성장하기 힘들다는 이야기다.

창의력을 발휘하는
세계의 학교들

학교가 달라지고 있다. 신교육의 대명사로 불리는 북유럽의 혁신학교는 학교에 학생을 맞추는 게 아니라 학교가 학생에게 맞춘다. 이를 위해 획일적이고 사방이 막힌 기존의 교실 공간 대신 언제나 협력 수업이 가능한 열린 구조의 교실을 만들고 있다. 4차 산업혁명 시대를 대비하기 위해선 미래의 교육 공간이 달라져야 한다고 믿기 때문이다.

● 핀란드 라토카르타노 종합학교

핀란드에서도 가장 성공적인 사례로 꼽히는 혁신학교. 학생 친화적인 공간을 만들기 위해 2009년 학교 건물을 다시 짓고 유네스코에서 친환경 학교로 인정받았다. 학교 건물은 단순히 공부만 하는 공간이 아니라 교육의 부분이라는 것이 이 학교의 철학이다. 학교의 실내구조는 연 모양으로 유리창을 크게 만들어 열린 공간을 지향하고 있다. 건물 중앙에는 식당 겸 행사를 할 수 있는 커다란 홀이 있고 두 개의 교실이 하나의 유리 벽을 사이에 둔 구조로 이루어져 있다. 언제든 공동 수업이 가능한 열린 구조는 교사들의 협업을 끌어내는 장치가 되기도 한다. 협업을 통해 새로운 교육을 찾아내고 학생들과 소통하는 혁신이 교실이라는 공간에서 시작되는 것이다.

● 덴마크 헬레럽 스쿨

'새로운 교육에는 새로운 공간이 필요하다'는 기치 아래 건설된 덴마크의 공립 기초학교다. 이 학교의 수업 공간은 모두 개방돼 있고 학년별로 정해진 교실도 따로

덴마크의 헬레럽 스쿨은 학교의 수업 공간이 모두 개방돼 있고 700여 명의 학생이 학년별로 정해진 교실도 없다.

없다. 700여 명의 학생은 학교 곳곳에 놓여 있는 원형 소파나 시청각실 등지에서 수업을 듣는다. 공간의 변화는 학생들의 관계에도 영향을 끼쳤다. 저학년끼리 다툼이 생기면 선배들이 중재하고 혼자서는 감당하기 어려운 일이 생겼을 땐 함께 방법을 모색하면서 공동체 의식도 키워나갈 수 있었다. 최근 덴마크의 신축 학교들은 헬레럽 스쿨처럼 개방적인 공간을 설계에 도입하는 한편 기존의 학교들은 공간의 재배치를 통해 변화를 모색하고 있다.

● 일본 후지 유치원

보기만 해도 즐거워지는 동그란 도넛 모양의 건물은 일본 도쿄에 있는 후지 유치원이다. 중간정원을 품고 있는 독특한 형태의 원형 건축물은 건물에 담긴 의미 때문에

일본의 유명 건축가 테츠카 타카하루가 설계한
후지 유치원은 도쿄 외곽에 있지만 입학 대기자
가 끊이지 않는다.

더 큰 주목을 받았다. 일본의 유명한 건축가 테츠카 타카하루는 '하나의 마을을 만
든다'는 마음으로 이 유치원을 설계했다고 밝혔다. 어떤 교실이나 햇볕이 잘 들고
아이들이 뛰노는 모습이 한눈에 들어온다. 이 유치원에서 아이들이 가장 좋아하는
장소는 바로 옥상이다. 자유롭게 올라가 놀 수 있도록 만들어졌는데 바닥이 나무로
돼 있어 넘어져도 크게 다치지 않도록 배려했다. 또 옥상에 올라가면 건물을 관통해
자라는 세 그루의 느티나무가 보이는데 아이들에게 자연의 신비를 가르쳐주는 독특
한 풍경이다. 느티나무에 매달려 있는 빗줄을 타고 옥상에 올라갈 수도 있는데 놀이
를 좋아하는 아이들에게 인기가 높다. 후지 유치원은 원생이 500여 명인데 학부모
들에게 인기가 높아 경쟁이 치열하다. 도쿄 외곽의 다치카와시에 있는데도 입원 대
기자가 끊이지 않는다.

공부방이 사라지면 마법이 시작된다

똑똑하고 창의력 있는 아이로 키우고 싶다는 꿈은 부모라면 누구나 갖는 공통된 소망일 것이다. 더군다나 4차 산업혁명 시대를 살아가야 하는 요즘 아이들에게 무한한 상상력과 창의력은 미래를 살아갈 중요한 힘이다. 그래서 아이가 학교에 갈 무렵이 되면 공부방을 마련해주고 틀을 깨는 사고를 할 수 있는 환경을 조성해주는 것이 무엇보다 중요하다고 부모들은 믿는다. 인터넷에서 창의력을 높여주는 인테리어 정보를 수집하고, 이사를 할 때도 아이를 위한 공부방을 가장 신경 써서 배치하는 경우가 많다.

그런데 공부방을 꾸미느라 열정을 쏟는 한국의 부모들에게 일본의 엄마 사토 료코 씨는 전혀 다른 제안을 건넨다. 평범한 전업주부인 료코 씨는 일본 부모들 사이에서 '합격의 신'이라 불린다. 아이

SBS

93년생 둘째

91년생 첫째

95년생 셋째

98년생 막내

4남매 모두 도쿄대 의학부 합격

일본의 전업주부 료코 씨는 도쿄대 의학부에 자녀 4명을 모두 입학시켜 '합격의 신'이라 불린다.

들 넷을 모두 일본 최고의 명문인 도쿄대 의학부에 보냈기 때문이다. 그녀는 자녀의 교육에 열성적인 엄마는 아니라고 소개한다.

저는 아이들을 야단친 적이 한 번도 없습니다. 대신 즐겁게 공부할 수 있는 환경을 조성하고, 저도 아이들과 함께 배우려고 노력했어요. 아이들이 제 시선 닿는 곳에서 항상 있도록 하는 게 중요했죠. 원래부터 아이들은 공부를 싫어하기 때문에 혼자서 하라고 하면 힘들어하더라고요.

료코 씨는 공부하는 아이들이 고독을 느끼면 안 된다고 생각했다. 마음 편하고 안정됐을 때 집중력이 더 좋아지고 공부하는 내용

자신의 아이 주변을 고독하게 만들면 안 되는 거예요

료코 씨는 네 명의 자녀가 각자의 공부방 대신 거실에 모여 함께 공부하는 공동 공부방을 활용했다.

아이들은 환경으로 공부하는 것이기 때문에

료코 씨의 자녀 네 명은 공동 공부방에 나란히 모여 공부하는 것을 꽤 즐거워했다고 한다.

도 머리에 쏙쏙 들어온다는 것이다. 그래서 네 명의 아이들에게 각자의 방을 주는 대신 거실을 공동 공부방으로 활용했다.

> 아이들이 혼자 자기 방에 있으면 열심히 공부할 것이라고 다들 생각하는데 전혀 그렇지 않아요. 공부 자체는 굉장히 고독한 거예요. 그래서 아이들 주변이 고독하면 제대로 공부할 수 있는 환경이 만들어지지 않아요. 주변에 부모가 있고, 형제가 있고, 가족의 따뜻한 분위기를 느낄 때 훨씬 더 공부를 잘할 수 있어요.

료코 씨는 거실을 철저히 아이들을 위한 공간으로 만들었다. 텔레비전은 2층으로 올려보냈고 소파는 내다버렸다. 대신 아이들의 책상을 거실에 나열했다. 혼자서는 고독하고 심심했지만 네 명의 아이가 나란히 공부하는 시간을 아이들은 꽤 즐거워했다고 한다. 공부하는 걸 싫어하는 아이들도 부모가 공부를 봐줄 때는 게으름 피우지 않는다는 걸 간파했다. 그렇게 네 명의 아이들이 도쿄대에 입학할 때까지 엄마인 료코 씨도 거실에서 함께 시간을 보냈다.

공부방을 없애고 거실에서 공부하라는 주장에 대해 한국의 부모들은 물음표를 가질 수밖에 없다. 조용한 자기만의 공간에서 공부할 수 있게 해주는 게 최선이라 생각하기 때문이다. 그렇다면 명문으로 손꼽히는 도쿄대의 다른 학생들은 어땠을까? 제작진은 도쿄대 학생들을 직접 만나 질문을 던져보기로 했다.

좀 게으름을 피우기도 하는데 거실에서는 보는 눈이 있으니까

도쿄대 농학부 여학생은 혼자 공부하면 게으름을 피우게 되는데 거실에서 공부하면 더 열심히 하게 된다고 한다.

—— 당신은 어디서 공부하셨나요?

① 거실 ② 공부방 ③ 기타

대답 ①〉 도쿄대 농학부 여학생

기본적으로 거실에서 공부했어요. 제 방에서 공부하면 아무래도 게으름을 피우게 되는데 거실에서는 가족들 보는 눈이 있으니까 더 열심히 하게 돼요.

대답 ②〉 도쿄대 문학부 남학생

제 방은 너무 조용해서 괴로울 때가 있었어요. 너무 조용한 것

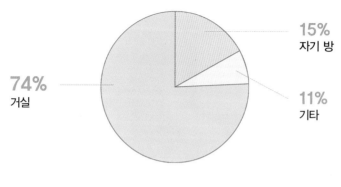

당신은 어디서 공부하셨나요?

15%
자기 방

11%
기타

74%
거실

〈출처 : 프레스 지이코노미〉

보다는 조금 소리가 있는 편이 집중도 잘되고 공부하기 좋았거든
요. 그래서 거실에서 공부했어요.

대답 ③ 〉 도쿄대 법학부 여학생

부모님이 항상 가까이 있으니까 딴짓을 하지 않았다고 생각해
요. 아마 제 방이 있었다면 공부를 열심히 하지 않았을 거에요.

놀랍게도 도쿄대 학생들을 대상으로 설문조사를 한 결과, 74%
의 학생들이 초등학교 때 거실에서 공부했다고 응답했다. 제작진이
만난 학생들은 고등학교에 진학한 뒤에도 거실에서 공부했다고 밝
혔다. 도대체 거실이라는 공간의 어떤 점이 공부하는 데 도움을 준

와타나베 교수는 카페에서 일하는 요즘 사람들의 성향과 공부하는 아이들의 성향이 비슷하다고 설명한다.

걸까? 도요대학에서 정보학을 가르치는 와타나베 교수는 카페에서 일하는 요즘 사람들의 성향과 비슷하다고 설명했다.

> 집 안에서 거실은 꽤 넓잖아요. 다양한 것들이 있죠. 부모가 있고 형제가 있지만 그런 일종의 잡다한 분위기에서 공부하는 것이 사실은 더 집중이 잘된 적이 있죠? 어른 중에서도 예를 들어 잔업이나 다양한 일들을 카페에서 하는 경우와 비슷한 거예요. 아이 방이 공부방이라는 건 어른들 생각이고 거기서는 사실 공부를 제대로 안 한다는 거죠.

사실 초등학교 때까지는 자기 방에서 차분히 앉아 공부하는 아이들이 많지 않다는 것이다. 엄마가 곁에 있고 아빠와도 함께 놀 수 있는 거실이 아이가 지적 호기심을 해결하기에 가장 적합한 공간이라고 설명을 덧붙였다.

그렇다면 거실 공부는 얼마나 큰 효과를 발휘할까? 일본에서 세 손가락 안에 드는 명문중학교에 재학 중인 열네 살 리나를 만났다. 일본은 우리나라와 달리 대학입시 못지않게 중요한 게 바로 사립중학교 입시다. 사립중학교는 별도의 입학시험을 치러야 들어갈 수 있는 사학재단 소속의 중학교를 뜻한다. 대부분 같은 재단 고등학교까지 있어 고등학교까지 쭉 이어서 다니는 경우가 보통이다. 명문으로 소문난 곳일수록 입학하기 어려워 난칸(難關·난관) 학교라고 부르기도 한다.

리나는 그 어렵다는 명문중학교에 합격한 비결로 거실 공부를 꼽았다. 엄마가 주방에서 집안일을 하며 부산하게 움직이건 말건 리나는 거실 테이블을 책상 삼아 자신의 공부에만 집중한다. 딴짓하거나 멍하니 시간을 보내는 법도 없다. 오히려 식사 준비를 하면서 말을 걸고, 아이의 공부 진도를 확인하는 건 엄마다.

이렇게 저녁 준비를 하면서 아이의 공부도 봐줄 수 있다는 점이 굉장히 좋다고 생각해요. 가족이 함께 할 수 있는 공간이죠. 아이가 공부할 땐 텔레비전을 보지 못하거나 어른들이 대화를 편하게 나누지 못하는 부분도 있지만, 크게 불편함을 느끼지 않았어요.

열네 살 중학생 이마니시 리나는 거실에서 공부하면 부모님과 대화도 할 수 있어 좋다고 말한다.

　　엄마는 외동딸인 리나가 외롭지 않을까 늘 걱정이 많았다. 그래서 거실에서 공부하는 동안은 리나에게 친구가 되어주려 노력했다. 모르는 것이 있을 때는 엄마에게 바로 도움을 요청할 수 있다는 것도 거실 공부의 장점이었다. 거실은 리나가 집에서 가장 좋아하는 공간이다. 거실의 테이블은 아무리 책을 쌓아도 부족함 없는 널찍한 책상이자 가족들이 둘러앉아 단란하게 식사하는 식탁이기도 했다.

　　도요대학에서 정보학을 강의하는 와타나베 교수는 아이들의 공간과 공부방은 별개라고 강조한다. 아이들도 사실 자신만의 시간을 보낼 영역이 필요하다는 것이다. 하지만 공부만큼은 가족들이 모이는 거실에서 할 때 더 효율적이라는 것이다.

거실에서 공부하면서 리나와 엄마는 자주 대화를 하고 궁금한 것은 엄마에게 도움을 청하기도 한다.

입시에 성공해서 똑똑하다고 불리는 아이들은 사실 자신의 방에서 공부하지 않았어요. 일본도 집을 사게 되면 우선 아이에게 좋은 방을 주는 경향이 있긴 해요. 하지만 공부를 잘하는 아이들일수록 그 방을 실제로 사용하지 않았다는 거죠.

아이들은 부모의 칭찬에 강하게 반응하고 커다란 성취감을 느낄 때도 많다. 자신이 무언가를 물어봤을 때 부모가 대답을 해주면 신뢰감과 함께 더 잘하고 싶다는 의욕도 생기기 마련이다. 이렇게 부모와 함께 거실에서 공부하는 동안 아이들은 학습에 대한 더 확실한 동기 부여와 상상력 성취를 이룰 수 있게 된다는 설명이다.

최근 명문대학교 학생들이 주로 거실에서 공부했다는 사실이 알려지면서 거실을 공부방으로 활용하려는 가족들이 크게 늘고 있다고 와타나베 교수는 덧붙였다.

인간과 환경은 굉장히 상호적으로 이루어져서 그 환경이 인간에게 주는 영향이 상당히 큰 거예요. 아이들은 사실 개별적인 방이 아니라 가족들과 소통하면서 공부를 하는 거죠. 인간은 5세가 되면 신경계의 약 80%가 발달하고 12세가 되면 100%가 발달한다고 해요. 운동신경을 발달시키는 것은 뇌의 신경회로를 만드는 것이니까 유아일 때 최대한 운동을 시키는 것이 중요하다고 전문가들은 말하죠. 그러니까 큰 거실이면 달릴 수 있잖아요. 뭔가를 하지 못하게 제약하는 게 아니라 자유롭게 널찍한 곳에서 아이들이 놀고 공부할 수 있도록 공간을 만들어주는 게 무엇보다 중요하다고 생각해요.

집중력을 높이는
공부 환경 만들기

아이들이 공부하는 공간을 만들 때 예쁘고 비싼 가구를 들이는 것은 어른들의 만족일 뿐 실제 학습 효과로 이어지기 어렵다. 오히려 아이들의 공부 환경을 망칠 수 있다는 걸 기억해야 한다. 비싼 가구보다 아이들의 성격과 습관에 따른 공부 유형을

아이의 공부하는 집중력을 높이려면 학교나 학원과 비슷한 환경을 만들어 주는 것이 좋다.

분석하고 그에 맞는 공간을 조성하는 데 더 집중해야 한다.

공부할 때 집중력을 높이려면 학교나 학원과 비슷한 환경을 만들어주는 것이 좋다. 가장 피해야 할 건 엉덩이가 푹신하고 편안한 등받이를 장착한 바퀴 달린 의자다. 편안한 의자는 게임을 하거나 스마트폰을 갖고 놀 때 사용하는 편이 낫다. 공부할 땐 조금 불편해도 딱딱한 책상과 의자가 더 좋다. 아이들 성장에 맞춰 높이와 각도 조절이 가능한 가구들도 부모들 사이에선 인기가 있지만, 고등학교를 졸업하기 전까지는 되도록 단순한 가구를 사용하고 대학에 진학하면 그때 바꿔주라고 전문가들은 조언한다.

책상 앞쪽에 책꽂이를 놓는다면 지금 공부하는 과목에 집중하기 어렵다. 그래서 책상 앞에는 벽이 있는 게 가장 좋다. 책상 위에 유리를 까는 것도 피해야 한다. 겨울에는 차가운 유리가 집중력을 흩트리는 요인이기 때문이다. 공간에 여유가 있다면 침실과 공부방은 분리하는 것을 추천한다. 그렇지 않은 상황이라면 책상에서 침대가 보이지 않도록 의자를 등지고 침대를 배치하는 걸 권한다. 방이 좁아 보여서 부모들은 꺼리는 인테리어지만 아이들 공부 환경에는 적합하다는 것이다.

공부할 때 스마트폰을 뺏는 건 역효과를 불러오기 쉽다. 스마트폰이 너무 멀리 있어도 요즘 아이들은 불안한 마음에 공부에 집중하지 못하기 때문이다. 차라리 적당한 곳에 스마트폰 거치대를 두고 공부할 때는 넣어두도록 한다. 가장 좋은 건 부모가 집에서 스마트폰보다 책을 읽는 모습을 더 자주 보이는 것이다. 그것이 아이들 공부 환경을 조성하는 첫걸음이라 할 수 있다.

교육과 집값 사이 목동 엄마들의 고민

아이를 잘 키울 수 있는 집을 찾기 위해 빠질 수 없는 중요한 조건이 바로 교육이다. 방송을 제작하면서 만난 가족들이 도시를 떠날 때 가장 망설인 것도, 그리고 도시를 떠나지 못하고 아파트에 계속 살아가는 가장 큰 이유도 바로 교육이었다. 이른바 명문학교가 몰려 있는 학군 좋은 지역의 아파트는 다른 곳보다 집값이 훨씬 비쌌다. 아이들의 교육은 집을 결정하는 가장 최우선의 이유이기 때문이다.

고등학교 1학년 딸과 중학교 1학년 아들, 남매를 키우는 근정 씨가 목동으로 이사를 한 건 7년 전 큰아이가 초등학교 3학년 때였다. 신도림에 살면서 아이들 유치원과 학원을 목동으로 보내다 보니 오가며 길에서 보내는 시간이 만만치 않았다. 게다가 아이들 친

이쪽으로 오면서 평수를 줄이고 전세로 들어왔었어요

SBS

근정 씨는 교육 환경이 좋은 곳을 선택하기 위해 평수가 더 작은 목동 아파트로 이사했다고 한다.

구들이 다들 목동에 산다는 것도 이사를 결심한 이유였다.

하지만 학군 좋기로 대한민국에서 손꼽히는 동네다 보니 집값이 상당히 부담스러웠다. 신도림에서 살던 집은 전세를 주고, 근정씨네 가족은 평수는 더 작지만 전세금은 훨씬 더 비싼 목동의 아파트로 이사했다. 군이 대출까지 받아가면서 목동으로 옮긴 건 아이들 교육에 대한 욕심 때문이었다.

요즘 학원을 안 가면 친구를 못 만난다는 말도 있잖아요. 목동으로 이사하니까 아이들도 힘들어하지 않는 것 같아서 좋죠. 무엇보다 다른 지역보다 유해시설이 많지 않아서 환경이 좋다는 게 제일 마음에 들어요. 처음에는 '군이

저도 처음에는 굳이 내가 이렇게까지 하면서

교육을 위한 결정이었지만 굳이 이렇게까지 하면서 목동에서 살아야 하는지 많이 고민했다고 한다.

내가 이렇게까지 하면서 목동에 들어와서 살아야 하나?' 이런저런 생각이 많았던 것도 사실이에요. 그런데 주변에 공원이 있고 도서관도 있고, 학원도 다 걸어서 다닐 수 있으니까 그런 부분에서는 좀 편해졌어요.

아이들이 어릴 땐 공기 좋은 동네의 마당 있는 집을 꿈꾸기도 했었다. 그런데 아이들이 반대했다. 어릴 때는 벌레가 싫다 고개를 저었고, 좀 더 컸을 때는 시골이 심심해서 싫다고 했다. 그러다 보니 벌써 큰아이가 고등학생, 곧 고3 수험생이 된다. 이제는 도시를 떠나고 싶어도 떠날 수 없는 상황인 셈이다.

지금도 벌레를 질색하는 아이들을 보면 가끔 떠나지 못한 걸

후회하기도 한다. 자연에서만 만날 수 있는 다양한 감수성을 어린 시절 제대로 느끼지 못하게 해준 것 같아 엄마 근정 씨는 늘 안타깝다. 아이들이 창의력이 부족하다고 느낄 때면 어릴 때 자연을 더 많이 접하지 못했기 때문이라는 생각도 든다.

근정 씨도 아이들이 유치원 다닐 때부터 집에서 공부할 수 있는 공간을 조성하려고 노력했다. 거실에서 텔레비전을 치우고, 벽에 커다란 책장을 설치해 서재를 만들었다. 아이들이 책을 즐겨볼 수 있는 환경이 중요하다고 생각했기 때문이다. 고등학생이 된 큰아이는 요즘 집에서 공부하는 대신 근처의 독서실이나 스터디 카페를 이용할 때가 많다. 집에 있으면 자꾸 마음이 풀어지고 놀고 싶다는 것이다.

아이들 교육에 관해선 별다른 불만이 없는 동네지만 근정 씨를 힘들게 하는 건 따로 있다. 전세가 귀하다 보니 집값 오르는 속도를 따라잡기 힘들었다.

초등학교 6학년 딸을 키우는 경진 씨도 아이가 유치원에 입학할 시기에 맞춰 목동으로 옮겨왔다. 좋은 학원이 밀집해 있고, 엄마들 간의 네트워크도 끈끈하기 때문에 어차피 공부를 시킬 거라면 초등학교 입학하기 전에 이사하는 게 좋겠다고 생각했다. 하늘 높은 줄 모르고 치솟는 집값이 부담스러웠지만 아이의 미래를 생각할 때 교육 환경이 좋은 곳에서 공부시키고 싶었다.

경진 씨는 아이들의 미래를 위해 자가로 살던 경기도 집에서 더 좁은 서울 전셋집으로 옮겼다고 한다.

경기도에 살 때는 자가였어요. 그런데 서울에 오면서 전세로 옮겨 다녔거든요. 이사할 때마다 아이가 "엄마, 집이 갈수록 좁아지네?" 이런 말을 하더라고요. 그래도 아이의 미래를 위해 지금은 참아야 한다고 생각해요. 계산을 해봤어요. 아이가 초등학교 때부터 대학교 입학까지 12년이더라고요. 그럼 그 정도 시간은 불편하더라도 부모가 좀 참고 아이 교육에 몰입해야 하지 않을까요? 남편과 불편해도 좀 참고 살자고 약속했어요.

경진 씨네 집도 서재 겸 아이와 함께 하는 공부방으로 거실을 활용하고 있다. 집 안의 모든 공간을 아이의 학습에 포커스를 맞춰서 만들었다. 아이의 교육 때문에 어렵게 목동에 들어와 사는 만큼 학업은 경진 씨네 가족의 가장 중요한 관심사일 수밖에 없다. 아이가 오래 앉아서 공부할 책상과 의자에 투자를 많이 했고 조명도 시력에 맞춰 신경 써서 골랐다. 집에 책을 많이 두지 못하니 도서관이 가까운 아파트로 이사 가는 것을 고민한 적도 있다. 아이 친구 중에는 벌써 스터디 카페에 가서 공부하는 아이도 많다고 했다.

목동 엄마들의 선택에는 공통점이 두 가지 있었다. 학군이 좋은 동네에서 아이를 교육하기 위해 현재의 불편을 기꺼이 감수했다는 것, 그리고 또 하나는 아이가 공부할 수 있는 공간을 만들어주기 위해 노력을 아끼지 않았다는 것이다. 근정 씨와 경진 씨 모두 거실을 아이들이 공부할 수 있는 공간으로 내줬다는 것도 비슷한 대목이다.

목동 엄마들만의 이야기는 아니다. 대한민국에서 아이들 교육에 관심 있는 부모라면, 거실에 텔레비전을 치우고 아이들과 함께 공부하는 공간을 만드는 경우가 많다. 그런데 책상을 놓고 아이들과 함께 둘러앉는다고 해서 공부할 수 있는 환경이 조성되는 걸까?

거실로 나온 공부방 100% 활용하기

일본의 모든 부모가 선망하는 도쿄대 의학부에 아이들 넷을 모두 진학시킨 합격의 신, 사토 료코 씨를 일본에서 다시 만났다. 현재 그녀는 자신의 경험과 노하우를 일본의 부모들과 함께 나누며 활발한 활동을 펼치고 있다. 강연회가 열리면 학부모들이 줄을 서서 그녀의 이야기에 귀를 기울이고 책에 사인을 받았다. 거실을 공부방으로 꾸민 가족들을 직접 찾아 공간에 대해 실질적인 조언도 아끼지 않았다.

오늘은 세 아이를 키우는 모리모토 씨네 가족이 도움을 요청했다. 매달 사토 료코 씨의 강연회에 빠지지 않고 참석한다는 엄마 유키 씨는 책에서 읽은 것들을 일상에서 실천하기 위해 노력하는 중이었다.

저도 같이 공부하거나 책을 읽거나 그런 시간을 공유하고 싶었어요

모리모토 씨 가족도 료코 씨가 거실을 공부방으로 활용한 것을 참고하여 거실을 공부방으로 꾸몄다.

처음에는 물건이 많아서 아이들 개인의 방을 만들기 어려웠어요. 그리고 저도 아이들과 같이 있고 싶다는 생각을 많이 했어요. 그 연장선상에서 아이들이 공부할 때 저도 같이 공부하거나 책을 읽는 공간을 공유하고 싶었어요.

주변의 교육열이 높은 엄마들 대부분이 아이를 거실에서 공부시키는 모습을 본 것도 계기가 됐다. 아이들이 아직은 어려서 함께 거실에서 책을 읽고 이야기를 나누는 것만으로도 만족스러운 시간을 보낼 수 있었다. 물론 학교에 입학하게 되면 료코 씨네 4남매처럼 열심히 공부해서 명문대에 입학하면 좋겠다는 게 엄마 유키 씨의 바람이다. 그래서 거실 공간을 얼마나 잘 활용하고 있는지 당사자인 료코 씨의 조언이 듣고 싶었다.

거실을 구석구석 꼼꼼하게 살펴보던 료코 씨는 가장 먼저 조명을 지적했다.

손이 가는 곳이 밝지 않으면 아이들의 공부에도 지장을 줘요. 빛은 정말 중요하다고 생각해요. 이 조명을 하나 켜고 안 켜고의 차이가 아이가 공부에 집중할 수 있는 환경을 결정하거든요.

아이들의 공간에서 가장 세심하게 따져봐야 할 게 바로 조명이다. 어두운 조명은 학습 능률과 집중력을 떨어뜨리는 요인이 되기도 한다. 그렇다고 조명을 너무 밝히는 것도 공부에 도움이 되지 않는다. 아이들이 시선을 한곳에 집중하기 때문에 조명이 너무 밝으면 눈에 들어오는 빛의 양이 많아져 오히려 눈이 쉽게 피로해질 수 있기 때문이다. 눈의 피로도를 덜려면 천장에 달린 전체 조명과 부분 조명인 스탠드를 함께 켜서 방 전체와 책상 위의 밝기 차이를 줄여야 한다. 방이 전체적으로 얼마나 밝으냐보다는 방안 곳곳의 밝기가 일정해야 눈이 안정감을 느끼기 때문이다.

료코 씨는 아이들이 거실에서 공부할 때 식탁에 4개의 스탠드를 밝히고, 아이들 각자에게 따로 개인 스탠드를 하나씩 더 비추어 주었다. 책장의 높이도 거실 공부에선 중요한 요소였다. 많은 책을 꽂기 위해 너무 높은 것을 두는 것보다는 아이들이 손을 뻗어서 닿

료코 씨는 모리모토 씨 아이들의 공부방으로 쓰이는 거실을 구석구석 살피고 책상 위 조명도 점검했다.

손이 가는 곳이 밝지 않으면 잘 안 하게 되죠 아이들은

료코 씨는 어두운 조명은 학습 능률과 집중력을 떨어뜨리기 때문에 안정적인 조명 밝기가 중요하다고 조언한다.

을 수 있는 2단 정도의 높이가 더 좋다고 료코 씨는 추천한다.

식탁을 공유하는 아이들의 서로 다른 생활 습관도 유키 씨에겐 고민이었다. 먹는 속도가 느린 아이의 식사가 끝날 때까지 다른 두 아이는 식탁을 사용하지 못하고 기다려야 할 때가 많다는 것이다. 네 명의 아이를 동시에 거실에서 공부시킨 료코 씨는 이 문제를 어떻게 해결했을까?

답은 의외로 간단했다. 식탁에서 밥 먹는 시간이 세각각이라도 노트를 펼칠 자리만 있으면 공부를 하는 데 그다지 문제가 되지 않는다는 게 료코 씨의 설명이다. 따라서 다른 형제들이 옆에서 밥을 먹거나 다른 일을 하더라도 알아서 공부할 수 있는 공간을 스스로 확보하도록 했다. 바이올린이나 피아노 연습으로 시끄러운 소리가 나더라도 어떤 환경에서도 불만을 이야기하지 말라는 게 료코 씨의 교육 철칙이었다. 아이들은 누구 하나 별다른 불만 없이 엄마의 말을 따랐다.

거실에서 네 명이나 되는 아이들이 함께 생활하면서도 싸움 한 번 하지 않고 즐겁게 공부할 수 있었던 비법이다. 좁은 공간에서 머리를 맞대고 공부하다 보면 자연스럽게 과목별로 토론이 이어지기도 했고, 서로 가르침을 주고받으며 더 많은 걸 깨우치기도 했다. 형제 중 누군가 우울해할 땐 위로와 격려를 해줄 줄 알게 됐고 서로에게 아낌없이 축하해주는 법도 배웠다.

거실에서 함께 공부하는 동안 네 명의 아이들은 가족인 동시에

공부가 일상 안에 흡수돼서 즐겁게 할 수 있겠다고 생각했어요

료코 씨는 거실에서 모두 함께 공부하면 일상 안에 흡수돼서 부담 없이 공부도 즐겁게 할 수 있다고 말한다.

친한 친구였고 때로는 학교 선후배 사이였다. 좁은 거실에서 아이들은 배움의 뿌리를 내렸고, 다양한 관계를 맺는 법을 자연스럽게 터득한 것이다. 그런데 료코 씨는 언제부터 이렇게 거실이라는 공간에 주목하게 됐을까?

저는 어릴 때 공부방이 있었어요. 그래서 알게 됐습니다. 공부방 있는 아이들은 좀처럼 스스로 공부하지 않는다는 걸요. 제 경험을 통해 느낀 거죠. 공부라는 게 정말 어렵고 힘들어서 장애물을 낮추려면 어떻게 해야 할지 생각을 많이 해봤어요. 그런데 다들 거실에서 생활하잖아요. 거실에서 모두 함께 공부하면 일상 안에 흡수돼서 공부도 더 즐겁게 할 것 같았어요.

공부에 대한 흥미도 어떤 공간을 어떻게 이용하느냐에 따라 달라진다고 료코 씨는 설명한다. 엄마가 아이들에게 공부하라고 지시하는 것도 바람직하지 않다. 아이들이 자기도 모르게 연필을 잡는게 즐겁고, 놀이를 하듯 자연스럽게 공부를 하는 것이 중요하다. 누가 시켜서 하는 게 아니라 공부를 자연스럽게 일상으로 가져올 수 있어야 하는데 그것을 가능하게 만들어주는 공간이 바로 거실이란 것이다.

유현준 건축가의 제안
공사 없는 거실 확장법

한국과 일본에 불고 있는 거실 공부에 대해 건축가 유현준 교수는 가족의 가치관이 투영된 결과라고 분석했다. 생활에서 가장 중심을 이루는 거실을 아이들의 공부를 위한 공간으로 내준다는 것은 부모가 아이들의 공부를 최우선으로 생각했기 때문이다. 아이들이 공부를 잘할 수 있었던 비결이 꼭 거실에서 공부한 덕분만은 아니라고 유현준 교수는 강조한다. 그 안에서 가족들이 서로 소통하고 가치관을 공유했기 때문에 좋은 결과로 이어졌다는 것이다.

"우리가 한 가지 음악만 듣고 살진 않잖아요. 내가 아무리 좋아하는 노래도 1년 내내 그 노래만 듣는 건 아니잖아요. 공간도 그래야 한다고 생각해요. 내가 거실에서 공부하고 싶은 기분이 들면 거실에서 공부하고, 공부방에서 하고 싶을

그걸 스스로가 알고 찾는 능력을 키워주는 게 중요하다고 생각을 해요

유현준 교수는 공부하는 공간을 아이가 스스
로 알아서 찾는 능력을 키워주는 게 무엇보다
중요하다고 말한다.

때는 또 공부방에 가는 거죠. 독서실에 가서 공부할 수도 있고요. 이렇게 다양
한 선택지를 주고, 아이가 지금 어떤 공간에서 공부하고 싶은지 스스로 알아
서 찾는 능력을 키워주는 게 더 중요해요. 무조건 거실에서 공부해야 서울대
에 갈 수 있다? 그렇게 이야기를 하면 답이 될 수 없어요. 다른 사람이 만든
틀에 끼워넣는 셈이거든요. 좀 더 유연하게 생각해야 해요. 클래식부터 시작
해서 힙합까지 다 들을 수 있는 사람들은 삶이 훨씬 풍요롭고 나를 더 행복하
게 만들 가능성이 크잖아요. 공간도 그것과 똑같습니다."

그렇다면 유현준 교수가 권하는 거실은 어떤 공간일까? 일단 요즘 많이 하는 발코
니 확장 공사는 권하지 않는다. 주택의 마당과 비교하기는 어렵지만 아파트에서 자
연을 느끼고 계절의 변화를 바라볼 수 있는 유일한 공간이라 해도 과언이 아니다.
발코니에서 할 수 있는 일도 생각보다 많다. 작은 연못을 만들어 금붕어와 거북이도
키우고 꽃밭도 가꿀 수 있다.

그럼 이 거실이 이쪽까지
확장이 되어서 느껴집니다

아파트 발코니 공간을 잘 활용하고 거실 안쪽 창
문 쪽에 형광등을 달면 거실이 훨씬 넓어 보이는
효과를 낼 수 있다.

보통 거실 커튼을 발코니로 나가는 안쪽 문에 다는 경우가 많은데, 해가 지고 문을
닫아두면 거실이 너무 좁아 보인다는 게 문제다. 그래서 유현준 교수는 발코니 창
쪽에 커튼을 달면 거실이 훨씬 더 밝고 넓어 보인다고 조언한다.

거실의 안쪽 창문 쪽에 형광등 하나만 달아도 공간의 마법이 펼쳐진다. 빛이 발코니
는 물론 거실 깊숙한 곳까지 들어와 더 환해진 만큼 거실이 넓어 보이는 효과를 내
기 때문이다. 소파를 고를 때도 요령이 필요하다. 바닥까지 내려오는 디자인의 소파
는 거실을 더 좁아 보이게 만든다. 밑이 조금 떠 있어야 소파 밑과 마루가 연결돼서
더 넓게 보인다.

식탁 유리는 식탁에서 걷어내는 것이 좋다. 차가운 질감 때문에 가족들이 식탁에 머
무르려 하지 않기 때문이다. 좀 더 친밀한 시간을 보내고 싶다면 식탁 의자의 한쪽
은 등받이가 없는 벤치 스타일로 바꾸라고 추천한다. 등받이가 없어서 집도 더 넓어
보이는 데다 허리를 세우고 앞으로 기대앉아야 해서 가족 간의 거리가 그만큼 더
가까워질 수 있다.

상상력이 풍부한 집 짓기

김창균 건축가

　'동네 건축가'라는 별명으로 더 유명한 김창균 건축가. 그는 돈이 되지 않아 다른 건축가들은 거들떠보지 않는 동네 가압장이나 공공화장실 설계를 많이 했다. 덕분에 재활용 건축가라 불릴 때도 있단다. 동네를 중요시하는 건축가다 보니 대부분 예산이 빠듯한 보통 사람들이 주로 찾아온다. 서울의 아파트 전세금을 빼서 경기도 외곽으로 빠지거나 아예 땅값이 싼 지방에 집을 짓고 싶다는 사람들이 대다수다.

아파트는 우리 아이들에게 상상력과 재미를 주지 못하는 것 같대요. 감성과 정서적인 측면에서 도움을 줄 수 있는 집을 짓고 싶다는 젊은 부모들이 많이 찾아오죠. 지금까지 우리는 획일화된 공간에 살고 있었어요. 나와 내 친구가 가족의 숫자나 형태가 전혀 다른데, 사는 곳은 다 똑같은 아파트예요. 그것에 대한 반성이 조금씩 이루어지면서 사고파는 집이 아니라 우리 가족들의 이야기가 있는 집을 짓고 싶다는 분들이 많아졌죠.

학교에서는 정답이 정해진 문제를 푼다 하더라도 아이들이 하교했을 때 각자의 집과 주거공간은 달라야 한다는 게 김창균 건축가의 생각이다. 하지만 현재 사는 아파트 이름과 평수로 편을 가르고 끼리끼리 어울리는 문화가 요즘 아이들의 현실이기도 하다.

집은 우리가 경험하는 가장 작은 건축이다. 학교에 가거나 지하철만 타더라도 훨씬 더 큰 건축을 만나게 된다. 역설적으로 이야기하면 집이야말로 가장 바꾸기 쉬운 건축이란 뜻이다. 2년 후에 얼마가 오를지 수익을 따져보는 것보다 아이들이 집에서 성장했을 때 느낄 만족감을 더 중요하게 여겨야 한다는 것이다.

집을 짓자고 결심할 때 많은 사람이 보통 넓은 마당이 딸린 전원주택을 떠올리기 마련이다. 하지만 그것은 어른들의 고정관념일 뿐 김창균 건축가는 좁은 공간에서도 충분히 아이들을 위한 집을 지을 수 있다고 조언한다.

김창균 건축가가 설계한 다가구 주택 도토리네(경기도 성남시 수정구 창곡동)

아파트라고 하는 것은 컴팩트하게 끼워 맞춘 레고 같아요. 여기는 면적이 어떻게 됐고, 어떤 구조인지 문을 열고 둘러보면 입력이 끝나죠. 사람의 뇌도 멈춥니다. 그런데 작더라도 공간을 잘 만든 집은 문을 열고 탐색하는 시간이 길죠. 꺾어지면 방이 있고, 반층 올라가면 거실이 있고……. 집을 살펴보려면 몸을 움직여야 하고 그만큼 뇌가 민감하게 반응하죠.

좁더라도 유기적으로 잘 연결된 공간에 들어가면 몸을 움직이고 어떤 변화가 있는지 생각을 하며 관찰해야 한다. 크고 넓은 집이

서울 중랑구 신내동에 24세대 규모의 공동주택으로 지어진 '여성예술인안심주택' 조감도

좋은 집이 아니라 변화를 담고 몸과 함께 안팎으로 호흡할 수 있는 집이 좋은 집이다. 그 예로 김창균 건축가는 '소통이 있어 행복한 주택'을 추천했다.

마을공동체 사업의 대표 격으로 꼽히는데, 서울 마포구 성미산에 건축한 1호를 시작으로 지금까지 15개의 집이 세워졌거나 건축 예정이다. 2011년 탄생한 이 집은 공동주택으로, 사라져가는 마을공동체를 집 안으로 들여오기 위해 지어졌다. 대지 선정부터 건축까지 구성원들이 함께 참여하고 합의해서 완성한, 국내에서는 보기 드문 형태의 집이다. 커다란 부엌을 여러 사람이 공유하며 때로는 함께 밥도 짓고 술도 나누는 집. 귀가가 늦어져도 함께 사는 사람 한 명쯤은 대신 아이를 돌봐줄 수 있는 집. 34평부터 11평까지 주거형태도 다양하고 비용도 각각 다르다. 모든 집은 가족의 취향을 반영한 맞춤형 공간으로 저마다 개성 있는 라이프스타일을 반영했다.

일반 아파트에서는 죽은 공간인 엘리베이터 홀과 계단, 옥상도 알뜰하게 사용한다. 이 자투리 공용공간들은 모든 입주민이 함께 사용하는 작은 서재이자 수납공간이 되고, 옥상은 마당이요 아이들의 놀이터가 된다.

그래서 김창균 건축가는 중요한 건 금액이나 면적이 아니라 가족들의 개성이 담긴 유기적인 공간 구조라고 설명한다. 다양하고 풍성한 공간이 만들어질 때 아이들은 집 안에서 무궁무진한 재미를 느끼게 된다는 것이다. 항상 즐겁고, 상상이 가능하고, 조합이 변경 가능한 집으로 달라진다면 아파트라는 공간에 지친 아이들도 행복하게 뛰어놀 수 있지 않을까?

부모가 시간을 충분히 준다면

아이들은 스스로 좋아하는 곳을 찾아내서

공간을 특별하게 만들 능력을 갖추고 있다는 것이다.

아파트 동과 동 사이의 작은 공터가 될 수도 있고

놀이터의 화단 뒤가 될 수도 있다.

도시 안에서 나만의 경험을 발견하고

주도적으로 자기 공간으로 구축하는 것이 무엇보다 중요하다.

05

다양한 공간이 아이들의 꿈을 키운다

아파트가 변해야 하는 이유

아프리카 속담에 "한 아이를 키우려면 온 마을이 필요하다"는 말이 있다. 아이들이 건강하게 성장하기 위해서는 가정을 넘어 지역 사회가 모두 협력해야 한다는 말이다. 다르게 풀어 말하면 아이에게 필요한 공간이 단순히 거주하는 집만은 아니라는 의미도 된다. 학교와 병원은 물론이요, 자연과 교감하며 뛰어놀 수 있는 공원과 놀이터도 꼭 있어야 한다. 도서관이 가깝다면 더 좋다. 다양한 것들을 보고 듣고 경험할 때 몸도 마음도 건강하게 성장할 수 있다.

하지만 요즘 도시의 아이들은 다양한 경험을 책에서 배우는 경우가 많다. 자연에서 변화를 느끼는 것보다 사람을 통해 변화를 느낄 기회가 더 많다는 것도 요즘 도시 아이들의 특징이라 할 수 있다. 그런데 도시의 삶은 변화를 감지하기엔 너무 획일적이다. 조성

조성행 건축가는 거주공간의 구성원들이 다른데도 획일적으로 공간을 활용하고 있다고 지적한다.

행 건축가는 아파트라는 거주공간이 현대인의 삶을 단순하고 획일적으로 만들었다고 지적한다.

> 아파트의 공간은 층별로 다 똑같아요. 가족 구성원이 달라도 똑같은 공간에서 똑같은 패턴으로 공간을 활용하고 있죠. 사람들의 삶이 공간에 맞춰 이뤄지는 겁니다. 부부는 안방을 사용하고 아이들의 공부방은 작은 방에 있어요. 그리고 거실과 주방의 가구 구성까지 비슷합니다. 예를 들어 어느 집이나 소파와 텔레비전이 거실에 있죠. 아마 소파의 방향까지 똑같은 경우가 많을 거예요. 내가 자는 이 위에도, 밑에서도 똑같이 누군가가 잠을 자고 욕실에서도 모두가 같은 위치에서 샤워한다고 생각하면 조금 소름이 끼칠 때도 있죠.

김창균 건축가 역시 요즘 아이들은 친구들과 이야기할 때 집 이야기를 나눌 수 없는 것이 현실이라고 우려를 표시했다.

철수네 집과 순이네 집이 조금 달라야 하는데 너무 같은 구조로 이루어진 거예요. 그러니까 학교에 가서 집 이야기를 할 수 없어요, 이제는. 너희 외갓집이 어디니? 그런데 똑같아요. 또 너희 삼촌 집은 어디니? 또 똑같겠죠. 예전에는 마당에서 강아지와 조그만 집도 만들고 눈 오는 날은 눈싸움도 했는데 그게 사라진 거예요. 오히려 튀면 눈치 보고 불편해하죠. 서로 다양성을 인정하고 그 안에서 차이 또는 재미를 즐길 줄 알아야 하는데 다른 것만 상상하고 책으로만 접하니까 가장 안타깝죠.

예전에는 각자의 집에서 다양하게 살아가는 모습에서 많은 것들을 경험할 수 있지만 획일화된 아파트라는 공간에서 사는 요즘에는 삶의 다양성을 결국 책이나 미디어를 통해 접하게 된다는 걱정이다. 철이와 순이가 다른 사람이듯이 일상의 공간인 아파트도 달라야 한다는 것이다.

그렇다면 이제 우리의 아파트는 어떻게 달라져야 하는지 고민해야 할 때가 왔다. 2019년 서울 강동구 '고덕강일지구'에서 가장 획기적인 아파트 설계안을 제출한 건설사에 택지를 분양하는 최초의 설계 공모전이 실시됐다. 보통 가격입찰을 통해 건설사를 결정하는데 2개의 블록은 참신하고 실험적인 아파트를 설계한 건설사에 택지를 공급하겠다는 것이다. 기존의 아파트 유형은 무조건 탈락이라는 단서도 덧붙였다.

지금까지 경제성을 앞세우며 엇비슷하게 지어온 아파트에 왜 이런 실험을 시도하게 된 걸까? 폐쇄적이고 획일적이라는 기존 아파트의 이미지를 이제는 바꿔야 할 때가 됐다는 데 사회적인 공감대가 형성된 것이다. 당선작은 물론 응모작에도 삶의 다양성을 되찾기 위한 기발한 해법들이 담겨 있었다. 어쩌면 앞으로 우리나라에 실제 지어질 아파트의 풍경이 이 설계 공모전을 통해 제시됐다 해도 과언이 아닐 정도.

공통점은 저층과 고층이 조화를 이루고, 집 밖에서도 다양한 생활이 가능하도록 외부 공간이 다양하게 구성되어 있다는 점이었다. 기존의 삭막한 아파트가 아니라 마당과 길이 있고 동네 커뮤니티가 살아 있는 새로운 형태의 아파트들이 제시된 것이다.

사실 우리나라에는 일조권을 확보하기 위해 '인동거리'를 규제하고 있다. 두 동이 이웃해 있을 때 무조건 높은 동을 기준으로 '높이×0.8' 만큼의 거리를 두어야 한다. 따라서 고층 기준으로 간격을 벌려야 하니 결국 같은 높이의 아파트를 쭉 나열하는 게 가장 효율적인 배치가 됐다. 이번에 높낮이가 다른 새로운 구조의 아파트가 설계될 수 있었던 건 특별건축구역으로 지정해 인동거리 규제를 완화한 덕분이다.

그렇게 5층 구조의 저층 아파트와 29층의 고층 아파트가 하나

10명의 건축가가 협업하여 〈중간 도시〉라는 프로젝트로 아파트 설계 공모전에 응모했다.

의 마을로 조화를 이룰 수 있게 됐다. 당선작들의 공통점은 다양한 평면으로 각자의 삶에 맞는 공간을 선택할 수 있으며 각각의 나선형 마을과 개인 테라스로 서로 소통할 수 있도록 설계되었다는 것이다. 각 마을 안 건물 사이에 작은 마당을 둬 자연과 조화를 이루고 거주민들이 삶의 이야기를 공유할 수 있도록 한 점도 돋보였다.

아쉽게 당선되지 못했지만 10명의 건축가가 협업한 〈중간 도시〉 프로젝트도 높은 관심과 화제를 모았다. 중간 도시란 소필지와 단지형 고층 아파트의 중간을 뜻하는데, 건물을 사람에 비유하면 어린이와 키 큰 어른이 손 붙잡고 같이 살아가는 도시를 만들고 싶었다는 게 당시 참가한 건축가들의 전언이다.

위진복 건축가는 획일적인 공간을 벗어나 삶을 중요시하는 주거공간이 만들어져야 한다고 주장한다.

홍대 같은 동네를 가면 건물이 다 달라요. 저층 건물과 고층 빌딩이 어우러지고, 공원도 있죠. 이런 공간을 디자인 밀도가 강하다고 해요. 하지만 상계동이나 노원구 아파트촌에 가면 공간적으로 차별화가 없어요. 아파트 안의 놀이터들도 다 똑같죠. 이미 너무 많은 아파트가 있어요. 이제는 정말 삶의 질을 중요시하는 주거공간을 만들어야 합니다.

〈중간 도시〉라는 아이디어를 처음으로 제안한 위진복 건축가는 이제는 아파트 문화 자체가 바뀌어야 한다고 강조한다. 〈중간 도시〉 프로젝트를 진행하고 아파트를 기획하면서 가장 중요하게 생각한 건 외부 공간과 호흡하도록 하는 것이었다. 지금 우리나라의 아파트에 가장 필요한 것이 바로 외부 공간이라는 것이다.

아파트에서 활용할 수 있는 외부 공간은 발코니였다. 바깥을 내다보고 소통할 수 있으면서도 창문을 닫으면 외부의 시선을 차단하고 사생활을 지킬 수 있다. 하지만 우리나라는 최근 아파트에 입주할 때 발코니를 확장해 내부 공간으로 사용하는 경우가 많아졌다. 개인적인 공간은 넓어지겠지만 대신 외부와 연결고리가 사라지는 결과를 낳는 것이다.

> 사회가 사람과 소통하면서 유지되는 안정감이 있는데, 단절되면 당연히 아이들에게도 좋지 않습니다. 유명한 강남의 고급 아파트 단지를 보면 사생활을 위해 보안이 강화돼 있고 성처럼 되어 다른 사람들이 그 사이로 지나다닐 수 없죠. 도시를 걸어 다니면서 소통할 수 있어야 하는데 지나다닐 수 없는 대단지들이 자꾸 생기면 먼 길을 돌아가야 하니 차를 타고 다니게 되죠. 점점 소통할 수 없게 되는 겁니다. 그래서 대단지를 짓는 것이 아니라 아파트 사이사이로 사람들이 자유롭게 지나다닐 수 있도록 쪼개야 해요. 아파트 단지를 쪼개야 하고 마을을 쪼개야 하죠.

위진복 건축가와 9명의 동료는 90일간 협업하여 한 단지가 8개 마을로 이루어진 획기적인 형태의 아파트 설계도를 완성했다. 20개 마당과 50개의 크고 작은 길로 연결된 아파트는 도시에 있으면서도 예전 마을의 정서를 간직하고 있었다. 각각의 동마다 서로 다른

〈중간 도시〉는 아파트 출입구가 80개에 이르고 중앙에 앞마당을 만들어 활동적인 형태를 추구하고자 했다.

〈중간 도시〉 아파트에는 저층 형태의 테라스 구조를 만들어 이웃들이 함께 시간을 보낼 수 있도록 설계했다.

구조와 특성을 가진 공간으로 이루어져 있고, 가족의 취향에 따라 선택할 수 있도록 한 것도 일반 아파트와 차별화된 점이다.

기존의 건물은 출입구가 하나지만 〈중간 도시〉의 아파트는 무려 80개나 된다. 2층에 있는 우리 집과 3층의 집이 서로 들고 나는 출입구가 다르고 하나의 마당으로 모였다가 다른 길로 흩어지기도 한다. 야외에 개방된 부엌이 있고 텃밭에서 수확한 채소를 요리해서 이웃들이 둘러앉아 즐겁게 시간을 보낼 수도 있다.

비록 공모전에서는 아쉽게 낙선했지만 위진복 건축가와 동료들의 〈중간 도시〉 프로젝트는 뜨거운 화제를 모았고, 획일화된 아파트 건축도 달라질 수 있다는 가능성을 확인하게 해주었다. 미래에 지어질 아파트는 지금보다 다양한 삶이 존중되는 공간이어야 한다는 데 많은 이들의 공감을 끌어낸 것이다.

이제 끊임없이 도전해야죠. 도전 끝에 작은 규모라도 〈중간 도시〉를 만들어내고, 이 좋은 공간이 경제적인 가치도 있을 뿐 아니라 우리 아이들한테 더 나은 미래를 제공할 수 있다는 것을 보여주고 싶어요.

아파트에 맞춰 삶을 사는 게 아니라 인간의 삶을 반영한 집을 짓는 것. 위진복 건축가와 동료들의 꿈은 끝이 아니라 이제부터 시작이다.

도시에서 개인에게 허락된 공간은 어디까지로 봐야 할까? 단순하게 사는 곳, 거주공간만 생각한다면 굉장히 한정적일 수밖에 없다. 하지만 거주하는 곳뿐 아니라 시간을 보내는 모든 공간으로 생각한다면 가장 많은 시간을 보내는 공간이 결국 가장 많은 삶을 만들어가는 공간이 된다. 우리가 끊임없이 주변의 공간들을 의미 있는 공간으로 변화시켜야 하는 가장 큰 이유가 아닐까?

고정관념 탈피
세계의 독특한 아파트

외국에서는 오래전부터 다양한 아파트 건축에 대한 실험이 이루어졌다. 고밀도의 공동주택은 도심에서 꼭 필요하다는 전제 아래 획일적이지 않은 다양한 삶의 공간을 확보하기 위해 노력한 것이다. 우리보다 앞서 미래를 고민한 세계의 개성 넘치는 아파트를 소개한다.

● 덴마크 – 마운틴 드엘링

드엘링은 덴마크어로 주택을 의미한다. 마운틴 드엘링은 이름 그대로 산처럼 생긴 공동주택이다. 11층 높이의 인공 콘크리트 산을 만든 뒤 그 경사 위에 블록을 쌓듯 주거공간을 층층이 지었다. 80개의 주거공간과 자동차 480대를 수용하는 주차공간을 조밀하게 융합해 산 모양의 입체적 아파트 단지를 만든 것이다. 모든 집마다 햇빛이 쏟아지는 테라스 정원을 배치했고 테라스와 테라스가 연결된 옥상 정원에선 계절별로 여러 종류의 식물이 자라게 했다. 함께 모여 사는 건물이지만 각 거주공간의 정원과 전망은 독립적이다. 보안과 사생활 보호 등 공동주거의 편리함을 누리면

2008년 덴마크 코펜하겐에 세워진 공동주택 마운틴 드 엘링은 11층 높이의 인공 콘크리트 산 위에 블록을 쌓듯 층층이 지어졌다.

서 개인주택 같은 공간을 확보한 것이다.

전체 공간의 3분의 2가 주차장이지만 외부인과 거주자에게 주차장은 감춰져 보이지 않는다. 콘크리트 산의 안쪽 측면 도로를 타고 올라가 현관 앞에 주차할 수도 있고 널찍한 아래층에 세운 뒤 유리 엘리베이터를 타고 집으로 올라올 수도 있다. 아랫집의 옥상이 윗집의 정원이 되는 독특한 구조는 모든 입주자에게 주변 녹지 환경을 바라볼 수 있는 개별적인 전망과 함께 밋밋한 디자인을 탈피한 나만의 집을 선사했다.

● 일본 – 넥서스 월드

1991년 일본 후쿠오카에서 이색 공동주택 단지가 탄생했다. 바다를 메워서 만든 땅 위에 일본과 미국, 네덜란드 등 전 세계에서 모인 건축가 6명이 다음 세대를 위

다양한 공간이 아이들의 꿈을 키운다

1991년 일본 후쿠오카에 5~6층 높이의 중저층 공동주택으로 건축된 넥서스 월드. 30년이 넘은 공동주택이지만 여전히 고급 주택지로 인기가 높다.

한 도시주택을 물려주자는 취지로 중저층의 아파트를 건설한 것이다. 다음 세대의 우리(Next+us)라는 의미를 담은 '넥서스 월드'가 바로 그곳이다.

당시 6명의 세계적인 건축가들은 자유롭게 각기 다른 동의 설계와 디자인을 맡되 공통 규칙으로 높이를 제한했다. 5~6층 규모의 유럽풍 중소형 건물을 기본적인 형태로 구상한 것이다. 11개 동 중 28개의 거주공간을 모두 다르게 설계한 한 동은 주민들이 서로 다른 아파트의 내부를 보고 싶어서 가장 먼저 주민공동체 모임을 열었던 것으로 알려졌다. 건축이 공동체의 커뮤니티를 회복하는 데 도움이 된 셈이다. 아파트의 공간 일부는 보행자를 위한 길로 만들고 차로와 건물 사이 간격을 넓혀 쾌적한 주거환경을 조성했다. 이러한 노력 덕분에 일본에서도 노후 건물의 가치가 추락하는 데 비해 넥서스 월드는 여전히 고급 주택지로서 높은 가치를 유지하고 있다. 전문가들은 더 나은 지역 환경을 조성하는 것이 장기적 관점에서 공동주택의 자산 가치를 높인다는 점을 보여주는 사례라고 강조한다.

인구밀도가 높은 도시 환경에 맞춰 2015년에 지어진 싱가포르의 인터레이스. 수평적 확장을 시도한 새로운 타입의 아파트로 평가받는 건축물이다.

● 싱가포르 - 인터레이스

인구밀도가 점점 높아지는 도시에서 어쩔 수 없이 아파트 역시 하늘에 닿을 만큼 높아지는 추세다. 하지만 도시 국가인 싱가포르에는 이런 흐름에 역행하는 파격적인 아파트가 있다. 인터레이스는 마치 젠가를 쌓아 올린 듯한 독특한 형태로 2015년 세계건축박람회에서 올해의 건축물 우승작으로 뽑히기도 했다.

같은 길이의 6층짜리 건물 31개로 구성된 이 아파트는 육각형 모양으로 서로 얽혀 있다. 각각의 건물이 대각선으로 겹치면서 발생하는 공간은 입주민 공용공간이다. 정원과 수영장, 바비큐 시설 등 다양한 주민 편의시설은 거주하는 사람들의 삶의 질을 높이는 건 물론 이웃들과 소통할 수 있는 창구 역할까지 맡고 있다. 얼핏 보면 무질서하다는 느낌이 들 수도 있지만 수직으로 솟은 아파트 단지와는 달리 여유로운 생활공간을 즐길 수 있다. 기존 아파트의 수직적인 고립을 수평적인 교류로 바꾸어 공동체의 가치를 되살린 덕분이다.

우리나라 놀이터가 잃어버린 것

천편일률적인 아파트는 부수적으로 또 다른 문제로 이어지게 된다. 바로 놀이터다. 어느 아파트를 가든 공장에서 찍어낸 듯 비슷비슷한 놀이터가 아이들을 맞는다. 미끄럼틀과 시소, 그네로 이루어진 뻔한 놀이기구를 기본으로 최근에는 중앙에 우주선이나 돛단배 같은 구조물을 배치하는 것이 유행이다. 그래서 아이들이 가장 자주 찾는 곳인 동시에 가장 재미를 느끼지 못하는 곳이 바로 놀이터다.

육아정책연구소의 설문조사에 의하면 우리나라 아이들이 가장 자주 찾는 놀이시설은 집 앞 놀이터지만, 만족도 부분에서 14개 놀이시설 중 13위를 차지했다. 전문가들은 가장 큰 이유로 재미가 없다는 점을 꼽는다. 어디에나 다 있는 비슷한 놀이시설들이 아이들

우리나라 대부분의 아파트 놀이터는 공장에서 찍어낸 듯 거의 비슷한 놀이기구로 이루어져 있다.

의 흥미를 빼앗는다는 것이다.

도시가 발달하기 전에는 따로 놀이터가 필요 없었다. 아이들은 어디에서나 즐겁게 놀았다. 집 앞 골목길이나 공터는 가장 즐거운 놀이터였다. 그런데 산업화로 도시가 발달하고 자동차가 늘면서 아이들이 안전하게 놀 공간이 사라졌다. 사라진 골목 대신 아이들에게 주어진 공간이 바로 놀이터였다.

1970년대 급속한 경제 성장과 함께 아파트 붐이 불기 시작하면서 공동주택을 지을 때는 반드시 어린이 놀이터를 조성하도록 하는

※ 출처: 육아정책연구소, 〈아동의 놀 권리 강화를 위한 지역사회 환경 조성 방안〉(2017)

다양한 공간이 아이들의 꿈을 키운다

법적 기준도 마련됐다. 1973년 주택건설촉진법에 따르면 최소한 그네, 미끄럼틀, 철봉, 모래판을 갖추어야 한다고 규정되어 있다.* 우리나라 놀이터들이 어딜 가나 비슷한 가장 큰 이유가 여기에 있다.

2000년대 들어 변화의 바람이 불었지만 전국의 모든 놀이터가 이번에도 비슷한 형태로 달라졌다. 모래 대신 우레탄 고무 바닥이 깔리고 정글짐과 철봉 대신 우주선이나 돛단배 같은 시설물들이 놀이터를 차지한 것이다. 재미가 없으니 이이들은 놀이터에 모이시 않고 같이 놀 친구가 없어 놀이터에 가지 않는 악순환이 이어진다.

아이들은 놀이를 통해 친구를 사귀고 세상을 배운다. 즐겁게 노는 동안 자연스럽게 협업을 체득하게 되고 창의성이 길러진다. 하지만 천편일률적인 기존의 아파트 놀이터는 아이들의 상상을 제한하고 놀이의 즐거움을 만끽하기 어려운 구조로 되어 있다. 우리 아이들은 어떻게 해야 잘 놀 수 있을까?

제작진은 제대로 된 놀이터를 짓기 위해 노력하는 건축가를 찾았다. 아빠 건축가라는 별명으로도 유명한 서민우 건축가. 어린이 권리옹호단체인 '세이브더칠드런'의 놀이터 공공 프로젝트에 참여한 그는 놀이터를 설계할 때 최대한 아이들의 시각을 반영한다고 밝혔다.

물론 놀이의 목적성이 한 가지밖에 없는 곳에서도 아이들은 재미있게 놀기는 해요. 저희가 애쓰는 것 중 하나는 뭔가 이렇게 중성적인 것을 아이들에

스스로 그거를 경험하고 체험을 하면서

서민우 건축가는 놀이터를 설계할 때 놀이터에서 노는 아이들의 시각을 최대한 반영하고자 노력한다.

게 던져줬을 때 스스로 그것을 경험하고 체험하면서 그 안에서 무언가를 만

들어내게 할 수 있는 공간을 만드는 게 더 중요하다고 생각하거든요.

아이들은 그동안 접해온 정형화된 놀이터가 전부라고 생각하는

경우가 많았다. 하지만 같이 이야기를 나누다 보면, 놀이기구 없이

도 놀기 좋은 공간을 구체화하는 것이 가능했다는 것이다. 중요한

건 놀이 방식을 창조할 수 있는 창의적인 놀이공간을 만드는 것이

었다.

처음 만든 놀이터는 서울 동대문구 동답초등학교 놀이터. 어떤

놀이터에서 놀고 싶은지 아이들과 이야기를 나누는 것에서부터 놀

다양한 공간이 아이들의 꿈을 키운다

© Hyo-Sook Chin

서민우 건축가가 세이브더칠드런 놀이터 공공 프로젝트 사업으로 조성한 서울 동대문구 동답초등학교 놀이터.

서민우 건축가는 역동적인 놀이공간에서 아이들이 새로운 놀이를 창조하고 스스로 노는 법을 배우길 바랐다.

이터 만들기가 시작됐다. 처음에는 놀이시설로 가득 찬 전형적인 놀이터를 이야기하던 아이들은 건축가와 이야기를 나누며 점점 벽과 기둥 같은 건축적인 요소들이 첨가된 놀이터를 구상하기 시작했다.

예전에는 조회에 사용했지만 이젠 아무도 이용하지 않던 버려진 구령대가 그때부터 달라지기 시작했다. 구령대를 반 이상 잘라내고 그 위에 놀이집을 얹어 구령대 자체가 하나의 놀이시설로 작동할 수 있도록 했다. 통로와 경사로를 배치해 공간감과 운동량을 늘리고 숨을 수 있는 공간을 만들어 재미를 더했다. 시소 없이 오르내리고 미끄럼틀 없이 미끄러질 수 있는 역동적인 공간이 만들어졌다. 그 안에서 아이들은 새로운 놀이를 창조하고 서로의 역할을 만들며 노는 법을 배우기 시작했다. 일제강점기와 권위주의 정부의 상징과도 같았던 구령대가 개성과 창의력이 가득한 아이들의 놀이터로 바뀐 것이다.

기존의 그네와 미끄럼틀에 익숙한 아이들에게는 분명 낯선 공간이었다. 아이들이 어떻게 받아들일지 놀이터를 완성한 뒤에도 고민이 많았다. 하지만 아이들의 반응은 예상을 뛰어넘었다. 어른들이 생각하지 못한 다양한 방법으로 다양한 놀이를 만들어가며 뛰어노는 모습은 서민우 건축가에게도 커다란 울림이 되었다.

아이들은 놀이터에서 세상을 배우고 놀이기구 또한 세상의 부분입니다. 창의력을 펼칠 수 있는 놀이터 하나를 제대로 만들어주면 거기서 아이가 놀면서 공간을 경험하고 더 많은 것을 배울 수 있다고 생각합니다. 놀이기구와 놀이터에서 힘이 전달되는 과정을 관찰하고 구조물이 구축된 방식을 잠재적으로 건강하게 깨닫는 거죠. 그렇게 배우는 사고력이 그 아이의 다른 일상에서도 영향을 미칠 수 있다고 믿어요. 그게 바로 건축적으로 놀이공간을 만들어주는 방법이라고 봅니다.

어쩌면 그동안 어른들이 만들어놓은 정형화된 공간이 아이들의 상상력과 창의력을 묶어놓는 족쇄가 됐을지도 모른다. 지금까지 모든 공간은 어른들의 시선에서 만들어졌고 아이들의 입장은 반영되지 않았다. 놀이터도 마찬가지였다. 이제는 어른들이 생각하는 놀이터가 아니라 아이들에게 원하는 것을 물어보고 제대로 된 놀이터를 되돌려주기 위해 노력해야 한다. 공간은 아이들의 상상력과 발전을 담을 수 있는 그릇이기 때문이다.

위험 요소가 있어야
진짜 놀이터

놀이는 즐거움을 추구하는 행위다. 부담이나 책임감 없이 맘 놓고 뛰어놀 때 아이들은 제대로 놀 수 있다. 하지만 안전하게 놀아야 한다는 강박관념이 때로는 아이들의

모험 요소를 놀이터에 도입하는 나라가 늘어나면서
기존의 플라스틱 소재 기구 대신 벽돌이나 타이어로
만든 그네가 등장했다.

놀이를 막기도 한다.

우리나라의 놀이터는 안전을 중요하게 여긴다. 놀이터에서 노는 아이들에게 부모들
이 가장 많이 하는 말도 '위험해', '조심해' 이 두 마디일 것이다. 하지만 독일의 유명
한 놀이터 디자이너 귄터 벨치히는 안전한 놀이공간이 오히려 아이들에게 더 위험
하다고 주장한다. 호기심이 생기지 않아서 엉뚱하게 놀다가 오히려 크게 다치는 경
우가 많다는 것이다. 따라서 중요한 건 안전하게 노는 것보다 놀이를 통해 아이들
스스로 위험을 통제하는 능력을 키우도록 이끌어주는 일이다.

그래서 모험 요소를 놀이터에 도입하는 나라가 늘고 있다. 영국에서도 어린이들이
노는 놀이터를 적당히 위험하게 만들어야 한다는 움직임이 일어나 플라스틱 놀이기
구 대신 벽돌과 타이어로 만든 그네가 등장했다. 아이들은 망치와 톱을 이용해 원하
는 것을 만들며 논다. 물론 이 모든 놀이는 철저한 관리 감독 아래 이루어진다. 아이
들을 통제된 위험 안에서 놀게 하는 것이다.

아이들은 장애물을 넘고, 뛰어내리고, 타고 놀며 어떻게
해야 다치지 않는지를 스스로 배우게 된다.

일본 역시 비교적 빠른 1979년부터 모험 놀이터를 만들기 시작했다. 이곳에선 흔히 보는 그네나 시소 대신 불을 가지고 놀 수 있는 화로와 나무를 타고 오를 수 있는 구조물이 설치돼 있다. 플레이 리더라고 불리는 안전요원이 배치돼 있지만 아이들이 다치지 않도록 돕기만 할 뿐 놀이에는 개입하지 않는다.

아이들은 놀면서도 편한 길을 가지 않는다. 누가 시킨 것도 아닌데 굳이 담장 같은 장애물을 넘고 높은 곳에서 뛰어내리는 도전을 서슴지 않는다. 그리고 이런 경험을 통해 어떻게 해야 떨어지지 않고 뛰어내려도 다치지 않는지 배우게 된다. 그래서 유럽의 놀이터 안전 기준은 "적절한 위험을 제공해 아이들에게 위험에 대처할 기회를 준다"고 적혀 있다.

모험 없는 놀이터에서 성장한 아이들은 성인이 되었을 때 위험에 제대로 대응하지 못하는 경우가 많다. 놀이터에서마저 위험을 만날 수 없다면 놀이터 바깥세상에서도 그것이 위험인지 아닌지 제대로 구분하지 못한다. 그래서 안전하기만 한 놀이터가 오히려 아이들을 위험에 빠뜨린다는 명제가 성립하는 것이다.

숨겨진 공간에서 보물을 발견하는 방법

　"내 아이 어디에서 키울까?" 답을 찾기 위해 고민하는 많은 부모가 도시와 시골, 아파트와 주택을 두고 고민한다. 하지만 유현준 교수는 주거공간을 선택하는 것이 답이 될 수 없다고 말한다. 주어진 조건만 받아들이고 그것을 찾아 헤매는 것이 아니라 지금 살아가는 곳을 우리 스스로 바꿀 수도 있어야 한다는 것이다. 그래서 공공건물과 공원, 도시 시설물에 관심을 가져야 하고 그 안에서 다양한 삶이 가능하도록 건축을 결정하는 주체가 되기 위해 노력해야한다.

　아파트라는 공간에서 벗어나는 것은 현실적으로 쉬운 일이 아니다. 그렇다고 이미 지어놓은 엇비슷한 아파트들을 모조리 허물고 새로운 아파트를 짓는 것은 더욱 어려운 일이다. 집마다 개성을 살리고 창의적인 방향으로 가야 하는데 하루아침에 가능한 일은 아니다. 아파트라는 공간 안에서 변형을 추구하는 가족도 있지만 어쩔 수 없이 한계는 있기 마련이다. 이제 부모들의 고민은 더 깊어질 수밖에 없다.

"내 아이 어디에서 키워야 할까?"

건축가인 유현준 교수가 제시하는 답은 의외로 간단하다. 거주하는 집만 아이들의 공간이 되는 건 아니라는 설명이다.

지금 전 국민의 60%가 다 똑같은 아파트에 산다고 하면 차별화는 아파트 주변에 있는 동네를 내가 어떻게 활용하느냐에 달려 있다고 생각해요. 우리 아이들이 주도적으로 자기 공간을 구축할 수 있도록 시간을 줘야 합니다. 그것을 주도적으로 찾아 나갈 수 있다면 똑같은 동네에 살더라도 우리 아이가 해석한 공간과 옆집 아이가 해석한 공간은 다를 겁니다.

부모가 시간을 충분히 준다면 아이들은 스스로 좋아하는 곳을 찾아내서 공간을 특별하게 만들 능력을 갖추고 있다는 것이다. 아파트 동과 동 사이의 작은 공터가 될 수도 있고 놀이터의 화단 뒤가 될 수도 있다. 도시 안에서 나만의 경험을 발견하고 주도적으로 자기 공간으로 구축하는 것이 무엇보다 중요하다.

다은이는 엄마와 함께 아파트를 벗어나 주변 동네를 둘러보며 새로운 공간에 대한 탐색을 시작했다.

제작진은 유현준 교수와 함께 여섯 살 다은이네 가족을 다시 만났다. 자기 방이 답답하고 무섭다던 다은이는 몰라보게 달라진 모습이었다. 눈높이에 맞는 가구와 방안 곳곳에 배치한 재미요소들 덕분에 자기만의 공간에 애착을 갖게 되면서 긍정적인 변화를 보여 주고 있었다. 하지만 유현준 교수는 다은이의 공간을 좀 더 넓게 확장해야 한다고 조언했다.

방법은 간단하다. 엄마와 다은이가 손을 잡고 아파트를 벗어나는 것이다. 늘 가는 놀이터와 아파트 단지가 아니라 주변을 둘러싼 더 넓은 공간을 탐색하고 모험을 즐길 기회가 주어져야 한다는 것이다. 자연은 시골에만 있는 것이 아니다. 골목길 사이 푸른 하늘과

유현준 교수는 아파트에 살면서도 주변에서 보물 같은 나만의 공간을 찾는 훈련이 필요하다고 강조한다.

쏟아지는 햇빛만으로도 충분하다. 골목길 화단에 핀 꽃에서도 단풍
이 물드는 가로수에서도 아이들은 위대한 자연을 발견한다. 제주도
를 그리워하는 모습에서 포착된 자연 친화적인 성향을 꼭 도시에서
도 이렇게 마음껏 발산할 수 있다.

안 가봤던 길을 가보면서 도시에서 보물을 찾는 거죠. 저도 지금 사는 아파
트에서 늘 가는 공간이 있어요. 아파트 단지를 설계하다 보면 사각지대가 생
기거든요. 그 누구의 공간도 아니에요. 먼저 찾아가서 발견하고 그곳에 의미
를 담는 사람이 그 공간의 주인이죠. 그런 곳을 찾는 훈련을 하는 거예요.

보물 같은 나만의 공간을 많이 찾아낼수록 아이들의 삶은 정서적으로 더 풍요로워질 수 있다. 이렇게 능동적으로 내 주변의 공간을 탐색하고 발견하는 경험이 누적된다면 전반적인 삶의 환경도 달라진다. 우리의 삶은 각자가 소유한 공간이 아니라 더 많은 시간을 보낸 공간에 의해 결정되기 때문이다.

우리는 대개 공간이라고 하면 내가 다 소유해야 한다는 생각을 많이 하죠. 하지만 사실 주변을 한번 둘러보면 소유하지 않고서도 쓸 수 있는 공간이 많이 숨어 있습니다. 도시 곳곳에 숨은 그 보물 같은 곳들을 찾아내서 나의 것으로 만드는 것이 이 도시를 소유하지 않더라도 많은 것들을 풍요롭게 누리면서 살 방법이라고 생각합니다.

정해진 답은 없다. 내 아이와 함께 열심히 고민하고 찾아가다 보면 어느 순간 반짝, 아이를 성장하게 해줄 멋진 집이 보일 것이다. 그리고 그 집은 바로 지금, 당신이 서 있는 여기일지도 모른다.

공간을 기억하게 만드는 힘

위진복 건축가

우리나라의 아파트는 주거공간인 동시에 금융 상품의 성격도 강하다. 최대한의 효율과 경제성을 따져가며 짓다 보니 지금의 천편일률적인 아파트들이 만들어지게 된 것이다. 위진복 건축가는 이런 아파트에는 공간을 기억하게 만드는 힘이 없다고 진단한다. 어른이 됐을 때 어린 시절 살았던 아파트라는 공간을 세세하게 기억하는 경우가 많지 않기 때문이다. 친구와 놀았던 기억은 있겠지만 놀이가 이루어졌던 아파트라는 공간에 대한 기억과 애정은 희미하다. 어른들이 오르는 집값을 따라 이사 다니느라 바빠서 아이들은 그 안에서 다채로운 경험과 기억을 만들어갈 기회가 사라지는 셈이다.

> 마을에 대한 기억, 요즘 아이들은 그런 게 없는 것 같아요. 똑같은 공간에만 살아서 그럴 수도 있고요. 학원만 다닌다, 아파트에 들어간다, 이런 기억들이 10년간 지속됐을 때 그 아이들이 공부를 떠나서 이 복잡한 사회와 현실에 어떤 식으로 적응할까? 의문이 들죠. 공간을 기억한다는 게 되게 물질적인 거예요. 그 공간에 어떤 느낌이 생기는 겁니다. 사실은 힘이고 에너지라 할 수 있죠. 그래서 과거의 기억이 미래로 향하는 방향이 되어줘야 하는데 그 기억이 굉장히 획일화된 상태라고 봐요.

그래서 위진복 건축가는 폐쇄적인 아파트의 커뮤니티를 활짝 열고 생활에서의 다양성을 공동주택에서도 실현할 수 있도록 우리나라의 아파트 문화가 달라지기를 희망한다. 아파트가 보행자 중심으로 만들어져야 하는 이유도 바로 여기에 있다.

왜 자동차와 도로가 아닌 보행자 중심의 도시여야 할까? 교통수단을 이용하면 답답한 실내 공간 속의 기억 때문에 경험이 단절된다. 그래서 다른 장소로 가고 싶어 하지 않게 되고 자신의 현재 공간 속에 갇히기 때문이다.

최근 그가 참여한 서울 성동구 금호동 일대 도시 건축 혁신사업에도 위진복 건축가의 철학이 담겨 있다. 개발시대에 지은 삭막한 아파트와 옹벽으로 둘러싸인 저층 주거지가 자연지형을 존중하

위진복 건축가가 참여한 서울 금호동 일대 도시 건축 혁신사업 조감도

고 주변과 소통하는 열린 공간으로 다시 태어난다. 주변 개발로 유일하게 남은 옛길을 중앙공원에 포함하고 주거단지를 개방했다. 경사가 급한 구릉지에는 보행을 도와주는 이동 편의수단도 도입됐다. 길에서 주변을 둘러보면 각기 다른 표정을 지닌 건물들이 펼쳐지고 이러한 다양성은 길을 장소로 만들어준다. 그리고 이 길을 통해 이웃들이 소통하며 공간은 기억의 힘을 되찾게 될 것이다.